江苏省水利地理信息服务平台构建与应用

刘昱君　姚　凌　张　浩　著

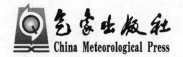
气象出版社
China Meteorological Press

图书在版编目（ＣＩＰ）数据

江苏省水利地理信息服务平台构建与应用 / 刘昱君，
姚凌，张浩著. -- 北京 : 气象出版社，2021.1
ISBN 978-7-5029-7472-5

Ⅰ. ①江… Ⅱ. ①刘… ②姚… ③张… Ⅲ. ①水利系
统－地理信息系统－江苏 Ⅳ. ①TV-39

中国版本图书馆CIP数据核字(2021)第120020号

江苏省水利地理信息服务平台构建与应用

Jiangsu Sheng Shuili Dili Xinxi Fuwu Pingtai Goujian yu Yingyong

刘昱君　　姚凌　　张浩　著

出版发行：气象出版社				
地　　址：北京市海淀区中关村南大街 46 号		邮政编码：100081		
电　　话：010-68407112(总编室)　010-68408042(发行部)				
网　　址：http://www.qxcbs.com		**E-mail**：　qxcbs@cma.gov.cn		
责任编辑：蔺学东　王聪		终　　审：吴晓鹏		
责任校对：张硕杰		责任技编：赵相宁		
封面设计：楠竹文化				
印　　刷：北京中石油彩色印刷有限责任公司				
开　　本：787 mm×1092 mm　1/16		印　　张：12.25		
字　　数：320 千字				
版　　次：2021 年 1 月第 1 版		印　　次：2021 年 1 月第 1 次印刷		
定　　价：90.00 元				

前　言

江苏省水利地理信息服务平台建设项目是《江苏省水利信息化发展"十二五"规划》的重点项目,由江苏省水利网络数据中心和江苏省基础地理信息中心共同建设。项目总投资 3295.11 万元,2013 年启动建设,2015 年初步完成,经过两年的试运行,2017 年通过竣工验收。

在平台建设方的共同努力下,形成了一系列建设成果。

(1)制定了省级水利地理信息服务平台标准体系

针对省级水利部门地理信息共享服务的特点,在国内首次建立了省级水利地理信息服务平台标准规范体系,涵盖数据采集、数据更新、地图配置、服务共享、应用与运维等,共计 22 项。

(2)构建了水利地理信息数据服务体系

平台提供了 8 大类 90 小类 113.8 万个要素对象的水利专题空间数据、10 大类 47 个图层 535 类要素工程勘测数据、9 大类 40 个图层 434 类要素的基础地理数据,以及覆盖江苏全省 3 个时相的分辨率分别为 1 m、0.5 m 和 0.3 m 的航摄影像,2.5 m 的卫星影像,147 万条 POI 数据,总数据量达 25 TB,实现 7×24 h 在线提供各类 OGC 标准数据服务 3150 个,构建了江苏水利地理信息数据服务体系。

(3)构筑了省级水利云 GIS 资源池

平台构筑了省级水利云 GIS 资源池,包含 20 台高性能服务器、24 TB 内存、300 TB 存储,局域内网交换速度达万兆,与外部连接达千兆,覆盖省、市、县、乡四级水利管理部门。

(4)研发了系列水利地理信息服务平台软件

开发了包括云端资源托管、专题制图、等值线制作、数据采集、三维云、河景云等多套云应用,为全省各级水利部门提供多层次水利地理信息云服务,满足各类水利用户对地理信息的应用需求。

(5)实施了多个云端示范应用工程

利用云平台丰富的数据资源、地图服务、二次开发接口和基础设施等多种云端服务,建设了一系列服务于各级水利部门的典型示范应用工程,取得了显著的社会效益和经济效益。

平台建设成果通过江苏省水利专网为省、市、县、乡、村五级水利管理部门提供水利地理信息服务,广泛应用于防汛抗旱、水资源管理、水土保持等重点工作中。

笔者作为江苏省水利地理信息服务平台建设项目的主要技术负责人,亲历了平台的整个建设过程。平台建设涉及面广、内容多、技术难度高,中间遇到过很多技术难题,技术人员经常为了解决一个难题就跑北京、去深圳学习和交流。两年的建设期,项目组所有人员没休过一个双休,基本天天加班,每每想起那一段战斗的日子,都觉得无比激动。笔者将水利地理信息服务平台建设的相关内容和经验整理出版,也是希望能够给相关从业人员提供借鉴,避免走弯路。

由于时间仓促,书中难免有不妥之处,敬请读者批评指正!

刘昱君

2021 年 1 月

目　录

第 1 章　江苏省水利地理信息服务平台建设综述

　　《江苏水利现代化规划(2010—2020)》提出:"到 2015 年,初步建成现代化的水利综合保障体系。苏南等有条件地区及部分领域率先基本实现水利现代化。到 2020 年,建成现代化的水利综合保障体系。全省基本实现水利现代化。"为了实现这个目标,要建成"六大体系",即:标准较高、协调配套的防洪减灾工程体系;优化配置、高效利用的水资源保障体系;有效控制、河湖健康的水生态保护体系;功能齐全、长效管护的农村水利工程体系;依法治水、管理规范的水工程管理服务体系;综合配套、保障有力的政策法规支撑体系。水利信息化作为水利现代化的基础和标志,是实现上述现代化目标和"六大体系"的重要手段和技术支撑,是提高水利管理工作效率和效能、实现水利政务公开、服务社会的重要途径和必然要求,是武装和改造传统水利、促进水利改革与发展的重要措施和迫切需要。

　　水利信息具有空间分布的特征,水利空间数据是反映水利信息不可缺少的部分。建立全省统一的水利地理信息服务平台,为全省水利系统信息应用提供统一的地理数据资源和应用服务环境,是实现资源整合、提高江苏省水利信息化水平的保证,是进一步推进全省水利信息化建设,以水利信息化推动江苏水利现代化的重要基础。为此,《江苏省水利信息化发展"十二五"规划》中明确要求,到 2015 年,要"建成省水利数据中心,构建全省统一 GIS 服务平台,存储数据量达省水利信息数据总量的 80% 以上,基本实现重要信息资源的统一管理与共享应用"。

　　江苏省水利厅在"十一五"期间建设的江苏省水利地理信息系统,初步建成了基于全省1∶10000 基础地理信息数据和高分辨率遥感影像、航片的省级水利地理空间数据库及其管理系统,开发了水利地理空间信息发布系统及数据维护系统,初步实现省级水利地理空间信息的共享,但还存在水利空间数据和属性数据需要进一步扩充,基础地理信息数据需要更新,还不能以服务平台形式提供应用服务等问题。

　　在 2010 年至 2012 年开展的"水利数据中心数据汇集共享及应用服务技术研究"项目研究了水雨情、水资源、地下水、水质、水土保持、水文站网等数据的结构,结合各级水文业务实际需求进行了数据的收集、分类和整合,实现数据收集的规范化和集中化,解决了水文数据的共享交换完整性和时效性问题,为实现数据整合、汇集和共享,形成统一的数据资源打下了坚实的基础。

　　在 2011 年至 2012 年开展的江苏省第一次水利普查工作,采集了大量的水利空间数据和属性数据,建立了水利普查对象空间数据库。由于普查数据与已有水利信息的采集时间和采集标准不同,存在重复或冲突的情况,需要对各类数据进行整合、集成和再组织,形成现势性好、数据组织规范的水利地理信息,更好地满足实际业务工作和应用需求。

为了落实《江苏省水利信息化发展"十二五"规划》的要求,在已有基础上进一步深化地理信息系统建设,从而推进全省水利信息化建设,以信息化带动江苏水利现代化,江苏省水利厅于 2013 年启动江苏省水利地理信息服务平台建设,由江苏省基础地理信息中心承建,2015 年12 月完工并通过验收。

1.1 建设目标与任务

依据全省基础地理信息数据、高分辨率遥感影像及航片、江苏省第一次水利普查形成的全省水利地理信息数据,扩充现有标准规范,整合、集成全省及试点市、县水利地理信息,建立全省水利基础地理数据库;建设全省水利地理信息在线服务数据集,构建基于云服务环境的省级水利地理信息服务平台及示范建设市、县水利地理信息服务平台;基于网络为全省水利行业及政府部门、社会公众提供水利地理信息服务,形成"框架统一、逻辑一致、数据分级、互联互通"的全省水利地理信息公共服务体系。满足水利信息化对水利地理信息资源的需要,促进水利信息化和现代化的快速发展。

该项目建设包含 6 项任务。

(1)编制相关标准规范

依据国家和江苏省的地理信息相关标准规范,结合省水利地理信息服务平台的实际需要,编制江苏省水利地理信息服务平台相关的数据采集、数据维护、数据共享、分类编码、数学基础、应用服务和运行维护等标准规范。

(2)建设平台数据

在统一的空间参考体系下,建设省水利地理信息服务平台数据,包括省水利地理数据库和基础地理数据库两个子库,并在省水利地理信息数据库基础上,建设平台电子地图。

(3)构建平台软件系统

建设平台软件系统,包括数据库管理系统、服务接口系统、资源注册管理系统、目录管理系统、图层定制系统、地理编码服务系统、地图配置系统、三维地图服务系统、数据分发服务系统、移动采集系统、运维管理系统、降雨等值线图制作、智能报表、专题图制作以及门户网站等子系统。

(4)建设平台运行环境

建设平台运行环境是在充分利用水利厅现有计算机软硬件、网络等设备的基础上,配置软硬件设备,完善网络系统,部署云服务环境,建立统一认证平台。

(5)示范建设市、县服务平台

基于省平台提供的统一框架和二次开发接口,按照省平台制定的《市、县级水利地理信息服务平台建设技术要求》,示范建设市、县平台,包括数据、软件和运行环境建设。

(6)建设水利地理信息典型应用

基于省平台提供的框架和开发接口,搭建水利地理信息典型应用,提供水利地理信息发布、专题图制作、降雨等值线制作、三维展示、河景应用和移动数据采集等应用示范,满足水利管理信息获取的日常需求。

1.2　建设思路

结合项目建设目标与任务,充分调研各市县(区)、乡(镇)信息化建设现状和用户需求,拟定项目重点解决以下 3 个问题。

1.2.1　多源、多期数据融合问题

平台在建设之前搜集到的源数据包括多期、不同比例尺水利专题数据以及省级 1∶10000 基础测绘数据,见表 1-1,这些数据采集时间、采集标准、比例尺、坐标系和数据格式、属性项都存在差别,需要加工、整理、融合为一套平台数据集。

表 1-1　平台数据源情况

序号	数据名称	来源	采集时间	比例尺	数据格式
1	江苏省水利地理信息系统一期工程数据	江苏省水利厅	2008 年	1∶10000	shapefile
2	江苏省第一次全国水利普查数据	江苏省水普办	2011 年	1∶10000	shapefile
3	水文、水资源等水利专题属性数据	江苏省水利厅各业务处室	动态更新		数据库表、Excel 文件等
4	江苏省"十二五"第一轮 DLG 数据	江苏省测绘地理信息局	2013 年	1∶10000	shapefile
5	江苏省 1∶5 万 DLG 数据	国家测绘地理信息局	2010 年	1∶50000	shapefile
6	全国 1∶25 万 DLG 数据	国家测绘地理信息局	2010 年	1∶250000	shapefile
7	秦淮河勘测数据	江苏省水利勘测设计研究院	2009 年	1∶2000	dwg
8	新沂河勘测数据	江苏省水利勘测设计研究院	2009 年	1∶10000	dwg
9	三潼宝勘测数据	江苏省水利勘测设计研究院	2009 年	1∶2000	dwg
10	中运河勘测数据	江苏省水利勘测设计研究院	2009 年	1∶2000	dwg
11	通榆河北延勘测数据	江苏省水利勘测设计研究院	2009 年	1∶2000	dwg
12	入海水道勘测数据	江苏省水利勘测设计研究院	2009 年	1∶2000	dwg
13	江苏省"十二五"第一轮 0.3 m 航飞影像	江苏省测绘地理信息局	2012 年		Geotiff
14	江苏省"十二五"第二轮 0.3 m 航飞影像	江苏省测绘地理信息局	2014 年		Geotiff
15	江苏省 2.5 m SPOT 卫星影像	江苏省测绘地理信息局	2013 年		img

经过分析梳理,形成数据融合方案如下。

(1)以江苏省水利地理信息系统一期工程数据和江苏省全国第一次水利普查数据为平台水利空间数据主要来源,同时,解决省 1∶10000 DLG 数据中涉水要素的图形矛盾问题。先将水普数据和一期数据进行空间和属性双向匹配,匹配上的保留二者属性,若有图形冲突,则用最新的 0.3 m 影像进行判断,若有属性冲突,则用水普属性更新一期数据属性,最终形成一套水利专题数据库。以水利行业空间数据的范围来重新处理 1∶10000 DLG 中的涉水要素的图形。

(2)制定《江苏省水利地理信息服务平台工程勘测数据建库与发布规范》,依据规范将大比例尺工程勘测数据进行统一坐标系、数据格式转换、属性项补充、地图配置与发布等工作,实现工程勘测数据整合发布。

(3)将多时项、多比例尺基础地理数据配置成适合水利平台不同应用场景的多期电子底图,如图 1-1~图 1-5 所示。

图 1-1　水利普查数据与一期数据冲突示例

图 1-2　水利普查数据和一期数据融合后效果

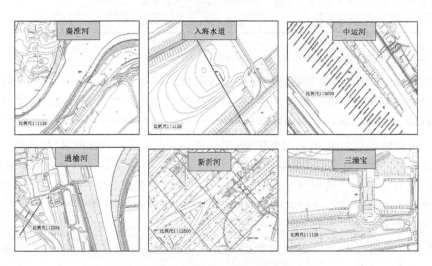

图 1-3　大比例尺工程勘测数据

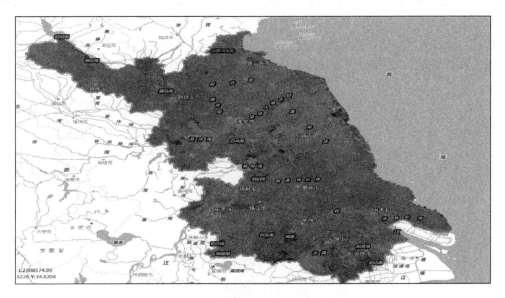

图 1-4　江苏省范围遥感影像底图

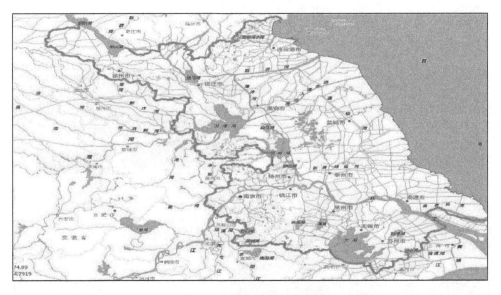

图 1-5　江苏省范围水系底图

1.2.2　平台软件功能与用户需求匹配度的问题

传统地理信息服务平台,主要提供门户网站应用、API 服务接口和前置服务。用户使用平台往往面临网站功能实用性不强和平台预置服务不能满足业务系统建设需求的问题。

通过在线数据采集、在线制图与服务个性化定制等功能的开发,允许用户在平台门户上实现数据采集、业务属性数据与空间数据在线按需融合、本地数据云端托管与符号化、水利专题图在线生成与打印等,以实用功能调动用户使用平台中各项数据资源、服务资源的积极性。

（1）在线数据采集。传统上，水利专题数据采集是一项需要专业人员使用专业测量设备才能做的工作，这带来采集费用高、更新周期长等问题。为了解决这个问题，平台开发在线数据采集和移动端设备采集功能，用户参考平台提供的 1∶10000 矢量底图和 0.3 m 影像，使用平台预置的数据采集工具，勾勾画画即可获得最新的水利专题数据，如图 1-6 和图 1-7 所示。

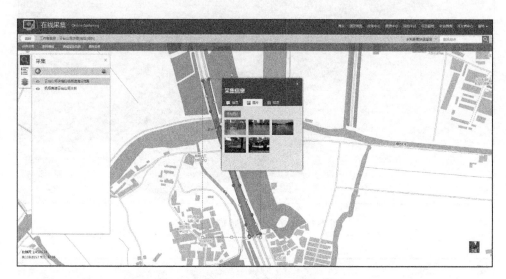

图 1-6　在线数据采集

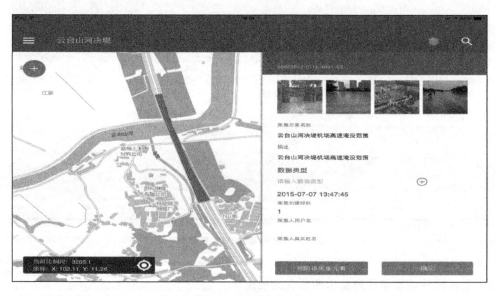

图 1-7　移动数据采集

（2）服务个性化定制。平台将把整合完成的 8 大类 90 个小类水利专题数据分别发布为原子化的数据服务并共享，但用户的需求是千变万化的，需要给用户提供工具对这些原子化的服务进行个性化定制的工具。平台提供服务聚合与拆分功能，供用户根据自身需求定制个性化服务以支撑应用系统开发，如图 1-8 和图 1-9 所示。

图 1-8　服务聚合

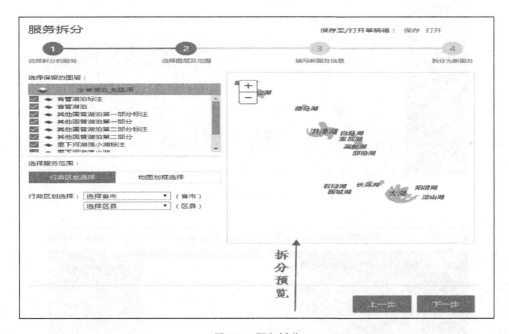

图 1-9　服务拆分

（3）在线制作专题图。让用户在 WebGIS 应用中方便、快捷地制作一幅准确、美观的专题图一直是个热点和难点，承建方和业主一起认真梳理用户需求，组织技术攻关，确立了一套模板化、流程化的基于平台资源的 Web 制图方法。

①制定地图模板。根据行业习惯制定每类要素在不同比例尺下的符号，配置针对不同应用场景的底图，将水利各部门常用的专题数据和各种底图组织成部门制图模板并共享，目标是让 80% 的制图用户节约 80% 的工作量。

②选择制图模板。用户在制图前，先去平台资源中心查询浏览已有的专题图模板，若有符

合要求的模板则可以直接基于模板创建图,若没有则可以在系统中选择空白模板生成一张空白专题图。

③添加制图数据。打开制图模板后,用户可以向专题图中增加或删除制图数据,支持添加平台提供的各种原子化的地图服务和用户自己的本地数据,用户自己的本地数据可以上传平台参与制图。

④云端制图与打印。平台提供专业水利符号库让用户在专题图上标绘水利要素,支持用户将属性数据和空间数据动态挂接并基于挂接上的属性数据改变图层渲染方式,能够向专题图中添加报表、图片、视频和各种态势符号,制作出的专题地图能够进行高清云端输出。

⑤制图成果再发布为模板共享。用户最终的制图成果可以再保存到平台中作为制图模板和别人分享,将制图知识分享给平台其他用户,如图 1-10～图 1-15 所示。

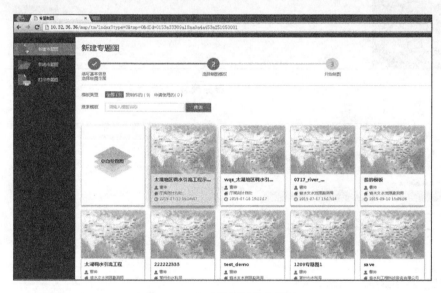

图 1-10　基于模板制作专题图

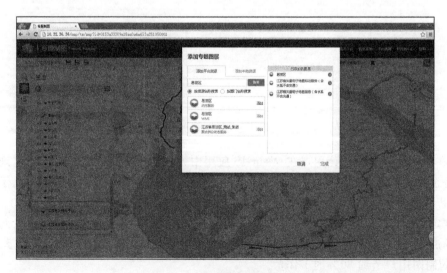

图 1-11　搜索添加制图数据

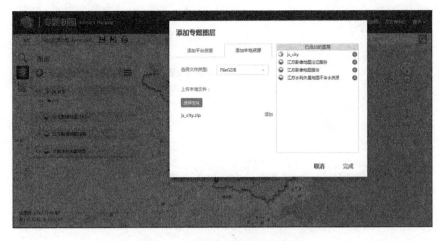

图 1-12　添加本地数据参与制图

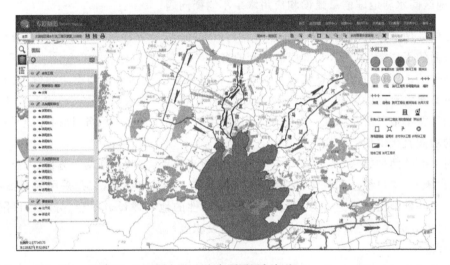

图 1-13　为专题图添加标注

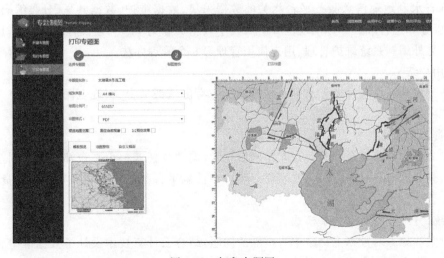

图 1-14　打印专题图

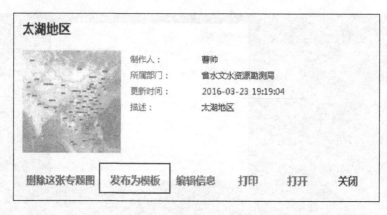

太湖地区

制作人:	曹帅
所属部门:	省水文水资源勘测局
更新时间:	2016-03-23 19:19:04
描述:	太湖地区

删除这张专题图　发布为模板　编辑信息　打印　打开　关闭

图 1-15　专题图发布为模板共享

1.2.3 地区间水利地理信息建设和应用水平不均衡问题

江苏的苏南和苏北两地经济发展水平存在巨大差异,导致各地水利信息化在资金、技术、人才等方面的不均衡,各级水利部门的水利业务系统在建设、应用和推广程度步调不一致。

有条件的地区,对地理信息资源需求旺盛,希望建设自己的平台和更大比例尺的数据,而且一般不愿意将自己的数据汇交到省水利厅;条件比较差的地区,无资金、技术和人才,希望按照省水利厅将本地区的数据加工整理好,直接使用省水利厅发布的服务,同时希望平台提供各种实用的功能直接供他们使用。

针对上面的两种想法,平台采用统、分结合的设计思路:"统"包括两个方面,一是强制标准统一、用户统一、接口统一和资源目录统一,保证全省一套共享体系,二是采用云 GIS 技术,提供云端软硬件资源租用服务;"分"包括允许有积极性的地方建设分平台、分平台权限自己管理、数据可以分级存储等策略鼓励地方信息化建设积极性。

(1)标准统一

依据国家和江苏省的地理信息相关标准规范,结合省水利地理信息服务平台的实际需要,编制江苏省水利地理信息服务平台相关的数据采集、数据维护、数据共享、分类编码、数学基础、应用服务和运行维护等标准规范 22 个,其中数据资源类 14 个、建设管理类 2 个、应用服务类 6 个。另外编制系统维护管理、用户使用管理等 9 个管理办法。

(2)用户统一

在江苏省水利厅建设全省水利专网用户统一身份认证平台,实现全网所有任意系统的用户身份统一认证。

(3)资源目录统一

开发分平台和省平台资源目录互相同步技术,实现从任意一个平台都能访问到全省统一的资源目录,结合用户统一技术,实现任意用户在任意平台都能访问到具有权限的资源,如图 1-16 所示。

(4)统、分结合的数据共享模式

针对某些地方对数据上交集中有抵触的问题,结合云计算技术设计了数据集中和分布式共享模式。集中模式为用户将自己的数据上传平台,由平台代为发布服务并注册到平台中共

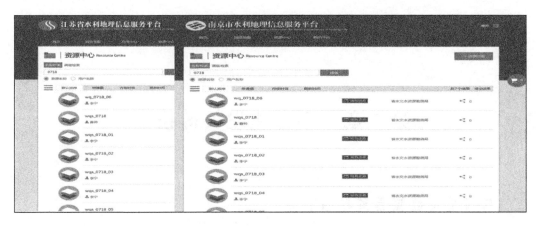

图 1-16 统一资源目录实例

享。分布模式包括集中情况：一是用户有自建的 GIS 平台，具有发布数据服务能力，则用户只需将服务地址注册到平台中共享；二是用户没有 GIS 平台软件，但是有空间数据库，那么用户可以将空间数据库中的某些数据注册到平台中，由平台的 GIS 平台代为发布服务并注册；三是用户只有空间数据，GIS 平台和空间数据库软件都没有，但又不想把数据复制给省平台或者其他用户，那么可以只提供这个空间数据文件的文件访问地址，由平台远程连接代为发布服务并注册共享。

(5)分级权限管理

平台充分考虑用户对于数据共享权限的担忧，无论是用户采用何种数据共享方式，无论数据注册在省级平台还是分节点平台，都由该数据的发布者来决定数据是否共享、共享给谁，确保谁发布、谁管理、谁负责。

1.3 小结

经过两年的建设，顺利完成了各项任务，达到了预期目标。

项目科技成果通过中国工程院院士张建云为组长、水利部水利信息中心主任蔡阳为副组长的专家组鉴定，专家组认为，成果总体达到国际先进水平，部分成果具有国际领先水平。项目获得中国信息产业协会组织评比的 2016 年度地理信息科技进步奖一等奖。

目前，项目已经成功应用到江苏省、市、县、乡四级水利部门，为江苏省实现"江淮安澜，河湖健康，碧水流畅，和谐水乡"的目标贡献一份力量。今后，我们将进一步深入开展平台各项成果的推广应用，推动江苏水利信息化发展登上新台阶。

第2章 平台建设关键技术

2.1 水利地理数据集成整合技术

江苏省水利地理信息服务平台建设项目(以下简称项目)对江苏省水利地理信息系统一期工程数据,江苏省第一次全国水利普查数据,省级基础测绘 DLG 数据中的水系数据,市县水利平台数据等多源、多时相数据进行了空间和属性的整合。在水利地理数据的生产过程中,不同数据源的数据因采集时间的差异和采集标准不同,存在重复或冲突的情况,所以需要对数据进行整合、集成和再组织。项目在规范空间数据库结构的基础上,将不同来源、不同时相的数据进行整合。

项目具体采用"统一数学基础+空间属性双向匹配"的方法。该方法是通过数据预处理环节,将多源水利空间数据按照相应的坐标系转换方法,统一转换为 CGCS2000 坐标系。用标准分层分类方法,在对每类空间要素设定空间容差值的基础上,进行同类要素属性匹配。容差值的设定主要依据各分类所描述的实体要素在现实世界所包含的区域大小。对于最终位置和图形的取舍,借助最新遥感影像进行辅助判读。

不同数据源的数据整合过程中,为方便溯源和与原有数据库的关联,并便于区分数据在省、市、县三级的尺度,所有水利地理数据均将数据来源、原有唯一编码作为整合后数据的属性保留。数据整合流程如图 2-1 所示。

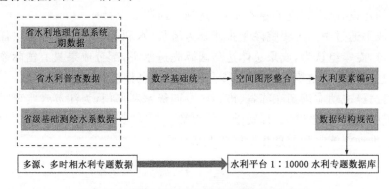

图 2-1 多源、多时相水利专题数据整合流程

2.1.1 水利地理数据空间关系重构

数据整合更新,须对水利要素间的空间关系通过数据处理和拓扑补建方式重新构建。水利空间要素数据关系结构按"江苏省水利地理信息服务平台数据库设计"文档中水利空间数据

间关系物理设计具体规范要求建立。

关系重构分两种情况:第一种情况是对已有的业务关系进行继承,这种需要原有要素唯一编码与整合后对应要素唯一码的对照关系作为纽带,将原有业务关系通过该纽带映射为现有数据编码所对应的关系表;第二种情况是对目前没有却需要建立关系的根据空间拓扑关系进行补建,主要针对各相关水利工程与水系的关系,如相关涵闸、泵站、水文测站等与河湖水库等的关系。通过各水利要素与水系的空间位置关系,设定两者在对应关系表中的联系。

2.1.2　多尺度水利专题数据融合

项目中编写了大比例尺水利专题地理信息分类规范,根据该规范整理入库了部分大比例尺水利专题勘测数据,与全省 1:10000 水利地理信息数据库形成了多尺度的水利专题地理信息数据库。项目对淮河入海水道、通榆河北延工程、新沂河、中运河、三阳河潼河、秦淮河 6 条河流的 1:500、1:2000 带状地形 CAD 数据和断面数据进行了制作和加工。数据整合流程如图 2-2 所示。

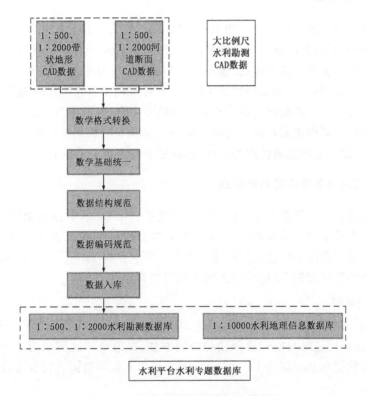

图 2-2　多尺度水利专题数据整合流程

这部分数据的加工整理分为 3 个部分。

1. 地形图编辑

地形图编辑包括坐标系转换、高程系转换(在转换之前将原来的高程备份保留在专题数据层)、数据编辑(采用统一的线型、符号、字库、代码、属性等,进行数字化地形图编辑)、水利专题数据的编辑。

2. 断面图编辑

断面数据编辑采用富慧断面软件。

数据处理过程首先对原来的断面高程系统进行转换,然后生成 CAD 格式断面图,比例尺与原来的数据相同。

断面的三维建库数据是根据断面的原点与方向点坐标,在断面软件下转换成与相应地形数据坐标系统、高程系统一致的数据。

3. 数据入库

根据数据建库要求,将地理信息要素分类建层:定位基础、水系、居民地、工矿及公共设施和独立地物、交通、桥闸及其他、管线、境界与政区、地貌、植被与土质、其他辅助要素(断面等)、地名及注记,共分 55 个层、12 个大类,形成 MDB 格式数据。每类要素按点、线、面三种形式归类录入数据库。

2.1.3 水利专题数据编码整合

由于江苏省水利地理信息系统一期工程数据、江苏省第一次全国水利普查数据中各水利要素编码规则不同,河流分段及命名原则不同,且两套编码分别对应江苏省水利工程属性库、江苏省第一次全国水利普查属性库,根据不同的业务应用需要不能舍掉这两套编码,因此本项目对两套编码都予以保留,并根据项目制定的《江苏省水利工程代码编制规定》对水利要素进行了编码。对于分段不一致的河流以最小颗粒分段为原则,保留了两套不同的编码,并按照以行政区为单元编码原则确定了各河段的唯一编码。水利专题数据编码整合后,既保留了原有两套数据的属性,便于与两套属性库的关联,也保证了每个水利要素的唯一性。

2.1.4 水利空间对象及特征值自动提取

由于江苏地处长江中下游平原,地势平坦,传统的利用 DEM 数据自动提取水系方法难以实现。针对东部平原水网区的水系特点,利用空间数据的几何特征,从 1:10000 DLG 数据和江苏省水利一期成果数据中快速提取形成了江苏省集水面积 10 km² 以上的水网,比国家水利普查办组织调查的集水面积 50 km² 以上的水网更加详细。

1. 水系自动提取

江苏省水利一期形成了圩区矢量数据,与基础测绘 1:10000 成果数据中水系层数据进行叠加分析,并通过属性选择与空间选择相结合的方法,提取出圩区河长为 2 km 以上的河道。平原区范围矢量数据与基础测绘 1:10000 成果数据中水系层数据进行叠加,提取出平原区河长 4 km 以上的河道。

上述自动提取获得的数据成果是各县(市、区)校正标载的依据,由于基础测绘数据成果与相应区域结合,并充分考虑到江苏省水系空间数据采集标准,水系数据的自动提取有效减少了数字化工作量,并为各县(市、区)校正标载提供了很好的依据。

2. 河湖特征值的自动获取

(1)基本地理属性信息

基于采编上图的水利空间数据,可以准确获取其起止点坐标信息、长度、面积等地理特征信息。

（2）河流起止点坐标获取

河流数据采集处理过程中，按照实际地物对象处理，河道中心线依据河流走向绘制，即河道中心线为有向线。依据河流空间数据成果，利用要素面转点功能，可直接获取河流起止点，并保留河流的全部属性信息，便于关联。

（3）河流起止点位置信息描述

河流起止点与行政区进行叠加分析，获取其所在位置的具体信息、描述。行政区描述包含市、县、村，需要用到最新的行政区划矢量数据。

（4）地表径流及降水量

利用已有矢量数据：地表径流区域、多年平均年降水深，与水利要素进行叠加分析，获取水利要素对象相关属性值。

（5）河流比降值

利用 1：10000 DLG 和 DEM 数据与水系数据的拓扑关系，制定了河湖特征值的快速提取方法。利用江苏省高精度 DEM 数据，采用编程方式与水利要素矢量数据叠加分析获取其准确的高程信息等，为后期属性数据抽取提供基础。

2.2　水利信息资源统一管理技术

2.2.1　统一身份认证技术

目前，江苏省水利厅的各信息系统都拥有各自的用户管理与安全登录机制，水利行业信息系统众多，每个用户都使用多个信息系统，所以必须记住的 ID 和口令就很多，客户出错和威胁到安全性的可能也就越大。换句话说，多个口令导致多种安全隐患。

江苏省水利地理信息服务平台着眼于全省水利信息化全局，构建了面向全省水利行业的统一身份认证系统。首先，项目依托江苏省电子商务服务中心在水利专网构建了数字证书认证中心（CA），负责证书申请者的信息录入、审核以及证书发放等工作。其次，在数字证书认证中心基础上开发了全省水利用户单点登录系统，作为全省水利信息系统的用户登录入口，用户可以通过用户名/口令、U 盾等多种方式完成登录，从而最大限度地保证用户认证的有效性和安全性。

通过数字证书认证中心和单点登录，江苏省水利地理信息服务平台从技术层面实现了全省水利信息系统中用户统一管理与安全登录，做到了"一人一个账号、一个口令"登录管理模式。用户通过一次登录，便可自动访问已授权的信息系统，从而增强了总体的安全性，提高了工作效率。同时，单点登录简化了单一控制点，并使访问方法得到标准化，从而使添加和删除用户等管理任务变得更快、效率更高。CA 登录流程如图 2-3 所示。

2.2.2　统一资源目录技术

江苏省水利地理信息服务平台采用了分布式设计，在构建省级节点的同时，采取集中式和分布式两种模式建设市、县节点，对采用分布式模式建设的节点、资源注册、管理等功能均由分节点自行建设。采用这种模式随之而来的问题就是：在资源各自管理的模式下，如何能够在全省的水利资源中发现用户所需要的资源并进行加载。通过统一身份认证技术，用户可以无缝

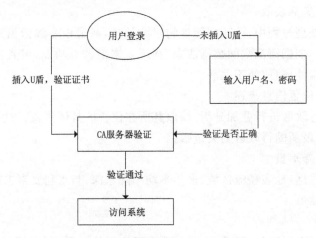

图 2-3　CA 登录流程示意图

地访问各个分节点,但是查找资源却需要链接到各个子节点重复查找操作才能查询到需要的资源。

为了实现全省水利地理信息资源一站式访问,江苏省地理信息服务平台采用了统一资源目录技术。项目设计了面向全省各级水利部门的信息资源目录,覆盖到每个部门,每个分节点分配若干子目录。平台主节点与分节点有资源注册的时候,节点的资源注册管理系统将资源的元数据提交到位于主节点的 Ldap 服务器上。主节点与分节点平台软件定时获取 Ldap 上的信息资源目录,同步到本节点的信息资源目录中,从而保证每个节点信息资源目录保存了全部节点中注册的信息资源。如此,无论用户在哪个平台节点都可以对全省所有水利地理信息资源进行搜索和访问。Ldap 资源同步流程如图 2-4 所示。

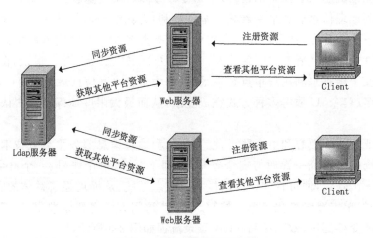

图 2-4　Ldap 资源同步流程

2.2.3　异构服务统一管理技术

江苏省水利地理信息服务平台中的服务资源来自全省各级水利部门,分布在各个行业单位。有一些部门已经采购了 GIS 服务器,发布了地理信息服务。经过多年的信息化建设,水利行业当前使用的 GIS 服务器软件厂家与版本较多,存在着服务接口类型多的问题。即使是 OGC 标准接口的服务也存在着版本不一致、各家厂商实现程度与实现方式不一致的问题,给应用开发造成了麻烦。

此外,对于发布 GIS 服务的水利部门而言,通常情况下,用于共享的 GIS 服务与仅供本部门使用的 GIS 共存在同一台 GIS 服务器上,在共享时需要将共享服务与私有服务隔离,同时,为了保证已经建设的系统运行正常,还不能改变当前的服务部署结构。

项目为了解决上述问题,使用了异构服务统一管理技术,GIS 服务注册到平台后会分配一个唯一标识,用户根据唯一标识来访问服务,因此,用户不能获得原始服务的地址,从而对用户隐藏了不同部门的服务器信息。平台会对用户的服务资源请求进行拦截,根据权限判断用户是否具有相应资源的访问权限,保证系统的安全。在获得用户请求资源的唯一标识后,平台依据服务注册时填写的 GIS 服务接口、版本、发布平台等元数据,对用户提交的参数进行适配,解析成特定接口的参数,提交给原始 GIS 服务。在获得原始 GIS 服务返回的数据后,平台根据标准服务返回的结构对返回的数据进行修饰,屏蔽不同软件对标准接口实现不一致的地方,最后将该数据返回给客户端。通过以上的过程,异构服务统一管理技术一方面为服务安全提供保障,另一方面,面向应用开发提供了统一的 GIS 服务接口与返回数据结构,减轻了应用开发人员的工作量。

2.2.4　多源瓦片地图统一获取技术

目前,全国水利地理信息服务按照行政级别、管辖范围等分级,将瓦片地图分别存储于相应行政区域内的分布式服务器中。由于目前对于多源瓦片地图服务,在移动客户端和网页客户端的开发中均采用集成模式,即在客户端叠加多个地图图层、配置众多行政级别等信息,且每一图层只能访问一个分布式服务器,这种集成模式造成客户端开发中的代码冗余严重,运行效率不高。

项目为此研发了多源瓦片地图统一获取技术,该技术根据客户端提交的瓦片请求确定存储被请求瓦片地图信息的瓦片地图服务器,从对应的瓦片地图服务器上获取地图瓦片返回给客户端。当客户端请求的瓦片跨越行政区域时,该技术会从多个瓦片地图服务器请求地图瓦片,并在服务器上对瓦片进行像素融合形成一个地图瓦片返回给客户端。该技术还对其他地图瓦片服务器上获得瓦片进行缓存,提高系统访问效率。技术体系如图 2-5 所示。

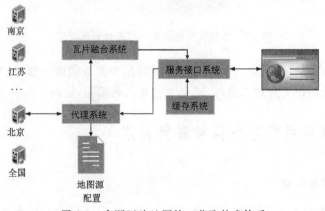

图 2-5　多源瓦片地图统一获取技术体系

服务接口系统:提供访问多源地图瓦片的统一接口,移动与 Web 客户端通过该接口指定地图比例尺级别与范围即可获得相应的地图。

代理系统:接受服务接口系统传递的地图级别与范围,计算地图瓦片索引号;根据地图源配置(地图源配置存放了不同级别行政区地图瓦片比例尺级别与地图数据坐标范围信息)计算索引所对应的地图源,并从该地图源获取地图瓦片。当索引号所在瓦片跨行政区域时请求多个来源的瓦片。

瓦片融合系统:对于跨行政区域的地图瓦片,对多个来源的地图瓦片数据进行像素融合,合成为一个瓦片数据,保证数据不丢失。

缓存系统:将代理系统获取与瓦片融合系统生成的瓦片存放到二级缓存体系中,通过LRU(最近最少使用)算法进行管理,避免相同索引的瓦片多次从原始地图源获取带来的延时,提高性能。

具体技术流程如图 2-6 所示。

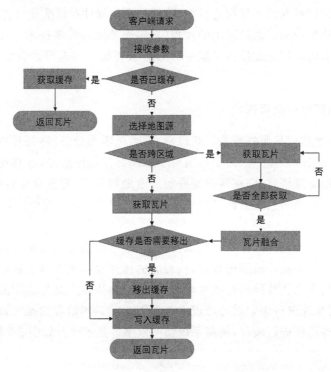

图 2-6　多源瓦片地图统一获取技术流程图

该项技术为用户提供了面向全国范围各级地图瓦片服务的统一服务地址,开发人员无须逐级、逐区域配置及加载瓦片地图服务,减少了重复代码编写,提高了开发工作效率。

2.3　面向水利应用的地理信息服务技术

2.3.1　数据抽取服务引擎

平台构建了数据抽取服务引擎,该引擎提供了数据过滤规则设计、数据表关联设计、参数设计工具等功能,能够将多个数据表中的数据按照过滤规则抽取出来,并按照设计者制定数据结构组装发布为带有参数的服务。通过数据抽取服务引擎,用户可以将不同数据结构的业务数据按照统一的标准发布出来,在不影响各地、各部门现行系统使用的同时实现数据的标准化整合;也可以根据部门的业务规则,从多个部门共享的数据表中按照本部门工作需要的数据结构抽取出适合的数据。流程如图 2-7 所示。

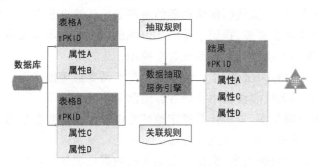

图 2-7　数据抽取服务引擎流程

2.3.2　地理信息服务拆分聚合技术

平台提供对地理信息服务的拆分和聚合功能,可以将不同来源的服务进行灵活组合。其中,服务聚合可将平台内的多个服务或者外部服务进行叠加创建新的服务;服务拆分是指原始服务可以按属性或图形拆分为新的服务。

服务聚合类型支持 WMS 服务以及 ArcGIS REST 服务,需要聚合的服务必须为同一种服务类型。聚合时,平台支持 5 个以内同类型的服务,通过调整地图的加载顺序,并填写聚合后新服务名称、单位等属性信息,可将多个地图融合为一个地图,并生成新的服务地址,实现多个服务聚合为一个地图服务。

服务拆分支持按选择区域生成新服务的功能。支持服务类型包含 WMS 服务、ArcGIS REST 服务以及 WFS 服务,一次只能选取一个服务进行拆分操作。拆分时,首先选择待拆分的地图服务,然后选择范围,提供两种方式,一是按行政区域列表来选择,支持省、市、县级行政区域,选择完成后会在地图预览处定位选择的行政区域;二是支持地图拉框选择。区域选择完毕后填写新服务的属性信息,生成拆分后的新服务地址。

服务拆分聚合流程如图 2-8 所示。

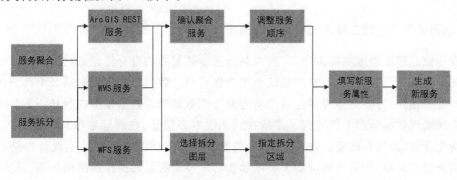

图 2-8　服务拆分聚合流程

2.4 面向服务的等值线制作技术

平台基于服务链集成技术,实现了数据来源于服务、等值线生成功能基于服务、等值线绘制结果发布为服务,构建了完全面向服务、灵活共享的等值线服务。

①数据来源于服务,指等值线制作所需要的地理数据和站点数据全部来源于服务。

②等值线生成功能基于服务,指用于生成等值线的功能模块本身以服务形式存在,不仅能为本系统所使用,也能为系统外的其他系统共享使用。

③等值线绘制结果发布为服务,指将绘制等值线所需要的等值线图形数据、站点数据发布为服务,其他服务或应用系统能够调用该服务以绘制等值线。

系统根据不同的空间尺度,分析计算指定地理范围内站点的数据信息,考虑站点的代表性及疏密程度,最后依据分析结果自动选择合适的站点进行展示。

平台提供的数据抽取服务引擎,根据预先定义的数据抽取规则,将各级水利部门的异构站点数据转换为标准格式,以 Web 服务方式提供给等值线服务。

等值线服务采用面向服务的数据拆分功能生成,系统选用符合 OGC 的网络要素服务(WMS)标准的服务来发布生成等值线数据,数据生成后动态插入到系统表中,使用面向服务的数据拆分功能将插入的数据按照 OGC 的样式化图层描述符(SLD)来动态拆分为新服务。等值线服务生成后,用户可在其他服务或 GIS 客户端来访问生成的等值线数据,如图 2-9 所示。

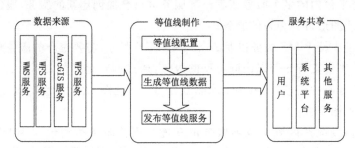

图 2-9 等值线制作及共享

2.5 基于 Web 的一体化制图技术

2.5.1 面向共享共创的在线地图数据模型构建技术

结合传统在线绘制地图的需要,分析水利行业专题制图的自身特点,为支持制图结果的在线分享和再次编辑,设计了一种新型在线地图数据模型。数据模型主要包括 3 个部分内容,分别是地图方案描述、方案主体内容与系统功能模块配置结果。数据模型内容如图 2-10 所示。

该在线地图数据模型不仅实现了常规在线地图服务信息、在线标绘信息与地图内容描述信息结构化存储,而且在此基础进行了拓展,借鉴了地图制图的功能模块化设计思路,突破传统数据模型设计局限,创造性地增加了制图功能特殊环境所需的操作结果信息项,以实现制图方案再次编辑控制。为兼顾在线查询、路径搜索、几何测量、多媒体文件展示、报表配置和地图

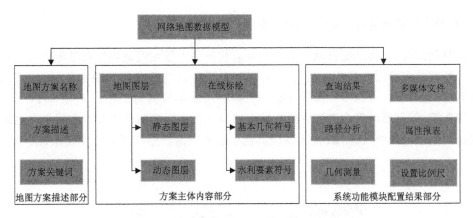

图 2-10　地图数据模型图

展示设置等地图配置功能,在数据模型中以树形子节点的方式增加了各项功能配置结果的信息内容,丰富了在线地图内容,且保存的各种操作结果信息在平台制图环境中利于再次快速打开与进行二次在线编辑。

　　为实现不同用户间网络快速分享,在涉及地图内容与功能服务信息时,直接记录在线服务的绝对地址,实现跨网段相互访问;地图操作项忽略地图编辑的中间过程,只记录最终结果,以最大限度地减少数据传输量,提高地图数据模型传输效率。在后台该数据模型以通用 json 格式进行保存,方便用户客户端浏览器程序快速解析与展示。模型地图内容标识如表 2-1 所示。

表 2-1　面向共享共创在线地图数据模型内容标识

地图内容标识	信息内容说明
tm-name	专题图名称
tm-description	专题图内容描述
tm-keywords	专题图搜索关键词
tm-search	查询结果信息
tm-routine	路径搜索信息
tm-measure	量测几何服务信息
tm-layers	图层服务信息
tm-media	多媒体文件信息
tm-report	报表配置信息
tm-marker	在线标绘内容
tm-extent	展示比例尺与地图范围

　　由于该在线地图数据模型完整地记录了地图内容与操作结果信息,可以保证其他用户在客户端展示时能够内容无丢失、形式无差异地二次展现。此外,基于模型中模块化的地图操作信息,在平台专题制图环境中可以实现与制图功能的无缝对接,用户可以快速实现地图的二次编辑,包括增加服务图层、再次配图、增删各种水利符号标绘、编辑文字注记等操作。二次制图完成之后,即可在线保存实现制图结果快速再次发布,主动或者被动共享给其他用户使用。

2.5.2 在线本地数据云端托管与实时渲染技术

在用户制图时,制图系统自动关联用户具有权限的大量在线地理信息服务资源,用户可以查找自己所需的资源服务和选取适当的服务类型,系统将这些在线资源服务作为一个图层自动添加到制图环境,以减少用户搜集和整理所需制图基本数据的工作。虽然平台已经提供了大量在线资源,但仍然经常会遇到在线资源无法满足制图需要而所需数据在用户本地的情况,为解决这类问题,借助于云 GIS 技术系统实现了本地数据云端托管。具体技术流程如图 2-11 所示。

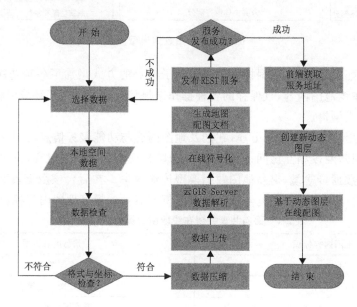

图 2-11　本地数据云端托管与在线绘制流程

系统在当前制图 Web 页面直接提供本地数据上传入口,用户导入所需添加的数据(支持通用的 Shapefile 和 File GDB 空间数据格式),系统检测数据完整性和坐标系,通过后将其打包进行数据压缩,以减少数据的传输量,提高上传效率。系统与后台云 GIS Server 实现对接,GIS Server 对完成传输的数据进行解压,解析上传的空间数据内容,并按照预先设定的配图模板进行在线符号化,自动创建地图配图文档。检测到地图配图文档生成后,GIS Server 将其自动发布成一种 REST(Representational State Transfer 表述性状态转移)动态地图服务。这种动态服务可以支持基于客户端的二次配图和实时渲染,为用户在 Web 前端进行配图提供实现接口。云 GIS Server 将 REST 动态地图服务发布完成后,制图系统获取服务地址,并将其作为一个要素图层装载到在线图层管理器。在图层管理器中提供了多条件、多种方式图层渲染方式,可以满足用户各种配图需要。

通过本地数据压缩上传、云端 GIS Server 动态图层服务发布与前端图层实时渲染 3 个主要过程,在 Web 页面前端仅需几步操作,用户在数分钟之内就实现了本地数据在线上传、在线发布与在线实时渲染,降低了本地数据发布的复杂度,提升了制图便捷度。

2.5.3　空间数据与属性数据在线按需融合与可视化技术

用户在制图过程中也经常会遇到当前空间图层的属性数据不全或者缺失的情况,无法满足制图需要。针对这种情况,制图系统集成智能报表属性服务,可以按照用户的需要对接属性报表服务,在线实现空间图层与属性报表挂接融合,扩充空间图层原有数据的信息内容,为在线制图提供一种新的数据集成方法。具体技术流程如图 2-12 所示。

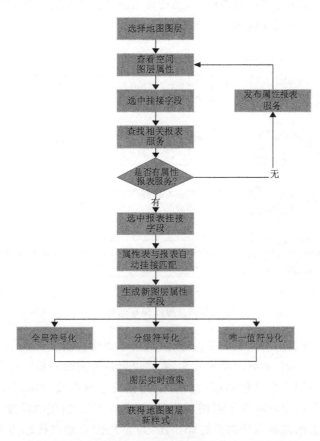

图 2-12　空间数据与属性数据在线融合和可视化流程

用户在制图环境查看已添加完成的空间图层基本信息,分析其现有的属性情况,如发现其属性数据不全且在用户权限内有与此相关的属性报表服务,即可在线查看属性报表服务内容,按照用户的制图需要选择可以进行数据挂接的字段,实现空间图层数据与属性报表服务挂接。挂接完成后的空间图层在基于属性字段条件过滤符号化中将自动带有属性报表的信息,基于新增属性报表的信息条件,用户可以实现多样式的在线图层符号化,增强了图层可视化的手段。

2.5.4　基于 Web 模板化云端快速制图与打印出图技术

为降低用户制图门槛,减少制图复杂度,系统支持基于模板快速制图。针对水利不同业务应用方向,系统预定多套地图制图模板。每套制图模板预先配置了面向某类水利行业管理所需的基础底图、水利业务图层、行政区划和专题要素等信息。在基于模板制图时,用户可以根据业务需求选择对应的制图模板,无须自行再去搜集、整理与配置制图所需的基础数据,免除地图制图过程中最为耗时的工作,让用户只需关注所缺少的部分。基于水利业务需要,模板预设了图层控制。制图模板保存了所有图层上下级关系、要素控制过滤条件、图层透明度等信息,无须用户基于图层进行烦琐的配置,就可以获得适当的图面要素负载量与合理的要素整体布局。此外,模板还预定义了要素符号样式、标绘符号展示方式和文字标注内容等配图样式,用户在地图配图即可参照这些预设的样式,实现自己所关注要素的快速配图,保证地图符号与色调的整体和谐统一。地图模板内容如图 2-13 所示。

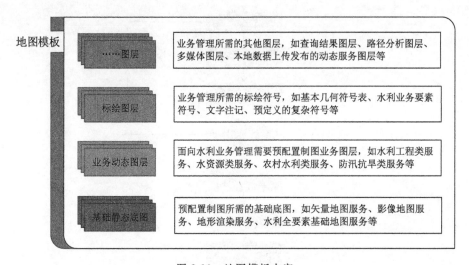

图 2-13　地图模板内容

对于用户需要重复利用的制图成果,系统提供用户创建模板接口,可以实现将这部分有复用价值的制图成果转化为新的制图模板方案,方便以后快速制图。系统与平台资源中心、我的平台实现无缝集成,将用户自己的制图模板快速转化为平台在线资源,分享给广大的平台用户,让其他有同样需要的用户减少了制图工作量,降低了 GIS 制图的难度。为兼顾线下分享的需要,系统还实现制图结果在线高清打印出图,可将地图直接在线输出 ISO 标准幅面地图文件,以满足各种场景的需要,最大限度地发挥地图价值。

2.5.5　全流程支持的在线制图技术

融合以上所述的关键技术,系统实现了数据加载、地图配置、符号标绘、资源发布、在线分享、打印出图等全流程的在线制图,突破了传统 GIS 平台只能查图、看图的局限,实现了智能化制图。具体流程如图 2-14 所示。

制图系统支持在线制图模板、在线服务检索、在线地图配套、多媒体文件加载、数据库报表展现、复杂符号标绘、多方式文字标注等一系列功能。能够实现多种方式要素搜索、选取与地图注记转化,支持多媒体文件与多种复杂符号在线标记,对所有图层、空间要素、标绘标注等实现全要素控制,强大的地图制图功能支持要素多条件过滤、多方式符号化、多样式动态渲染。系统实现了全流程的地图在线云端制作,降低了用户制图门槛,最大程度提升了地图价值。

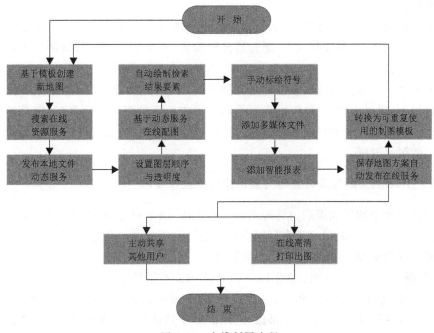

图 2-14　在线制图流程

2.6　船载环境的河景三维生产与发布技术

2.6.1　移动测绘数据与单站全景影像、点云的融合技术

根据水利工程管理和开发利用中对河航道、近岸水利设施及地形高精度、动态测量的需求,项目以三维激光扫描技术、电荷耦合元件(Charge-Coupled Device,CCD)立体测量技术、全球定位系统/惯性测量单元(Global Positioning System/Inertial Measurement Unit,GPS/IMU)惯性测量技术和智能数据处理技术为基础,将移动测量技术应用在河道上,研制了适合船载环境的河景三维生产工艺,解决了移动测绘数据与单站全景影像、点云数据的融合处理问题。

船载移动测绘系统在快速移动中同步采集船体两侧的影像、点云等多种数据,但无法获取船体视线外及船体无法到达区域的地物数据。通过地面三维激光扫描仪和单站全景设备,可以对这些困难区域进行数据采集补充。

(1)单站全景、点云数据和船载获取数据的同构技术

由于单站仪器的采集方法与船载移动测绘不同,其单独生产出的 360°全景图片和点云数据无法直接与船载获取的数据进行融合,需要对数据进行同构处理。

①对采集到的 360°全景图片预处理,进行格式转换、图片分辨率调整及色彩校正等操作。

②通过格式转换、添加文件头等方法对单站点云进行处理,生成与移动测绘获取的数据相一致的点云信息。

(2)数据拼接融合技术

通过影像拼接检查和特征点匹配等技术,解决移动测绘数据与单站全景影像、点云数据的

融合处理问题。

①由于测量误差的广泛存在,单站全景图片在自动拼接过程中会产生水工建筑物和河堤等重要信息的拼接错位、扭曲等情况,通过拼接缝检查、调整以及重叠区域的同名点采集匹配等方法进行图片拼接。

②地面单站三维激光扫描仪获取的点云数据要融合至船载坐标系中,需要解决坐标系统及点云融合问题:通过 GPS 定位技术获取单站仪器中心点的空间地理坐标,将单站的点云与船载获得的点云纳入统一的坐标体系;通过计算机自动提取特征点,采用特征点匹配的方式进行点云数据的融合处理。

2.6.2 基于 Web 服务的河景可量测实景影像成果发布技术

河景可量测实景数据成果通过管理服务平台系统,以 Web 服务的形式向水利用户提供数据和功能服务,并发布前端程序供水利用户直接获取数据成果。河景可量测实景影像成果发布技术主要包括后端 Web 服务及实景前端展示。

在 Web 服务实现技术方面,采用 Java 和 JAX-RS 实现拥有资源 API 的遵循 REST 原则的 Web 服务。服务接口方法使用服务的状态码、URI 模式来识别河景实景资源。使用 HTTP 应用协议来描述获取站点信息、全景影像、POI 信息及热点信息等服务行为,实现标准的网络请求方法。采用 JavaScript、Flex 等前端技术对服务接口方法进行封装,以 SDK 开发包的形式向前端提供应用开发接口。开发包的所有资源 API 接口均按 GET、POST 等方式进行响应。服务接口的处理流程如图 2-15 所示。

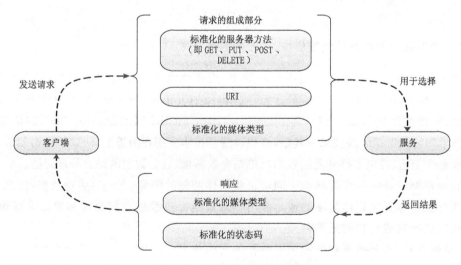

图 2-15 服务接口的处理流程

在前端展示实现技术方面,采用 Flex 结合 JavaScript 技术,实现球模型上三维空间坐标到二维屏幕坐标的透视计算,将 360°的河景实景影像显示在虚拟球模型上,完成河景可量测实景成果数据的可视化。前端程序通过二次开发调用 SDK 的服务方法获取河景可量测实景成果数据,显示在前端浏览器上。

项目在 Web 应用服务器内部署 Web 服务及河景前端展示应用,建立了某河河景影像典型应用。应用发布的技术流程如图 2-16 所示。

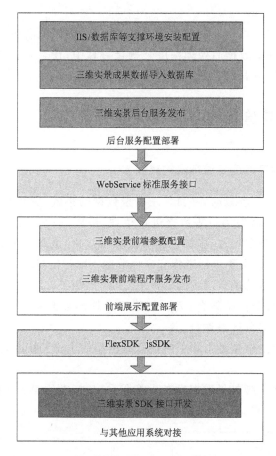

图 2-16　应用发布技术流程

2.6.3　船载环境可量测实景影像精度控制方法

船载环境相较于车载环境要复杂得多,同平坦的道路相比,在河道上进行数据采集,往往需要考虑到许多陆地上不存在或是很少需要考虑的因素,例如:风浪、河道宽度、船体自身对采集信号遮挡等。这些因素会极大地影响河景数据的测量精度,因此,在进行河道采集的过程中必须处理好这些影响精度的因素。项目基于船载环境从硬件优化、采集规范和数据处理等方面设计出一系列方法,来控制和提高河景数据的测量精度。

(1)硬件优化方面

针对现有数据采集设备,量身设计了可拆卸的刚性金属板用于固定采集设备。同时考虑到船载体的多样性,存在可能遮挡采集设备或是无法安装金属板的情况,自制可调节带有固定装置的托架用于安放采集设备,确保在船体上不会移动,控制采集数据的精度。

(2)采集规范方面

注重采集前期准备阶段,对采集河道精细勘察,避免出现某些河段限高等影响数据采集和测量;针对不同船载体进行试生产,调校相机曝光参数和采样间隔,使得解算精度得到控制;河道路线规划要综合考虑河道宽度,制定出合适的采集路线,避免采集设备距离河岸过远影响配准精度。

（3）数据处理方面

测姿定位系统（POS）解算中将船载系统采集的 GPS 数据同高精度地面基站采集的数据进行紧耦合解算，提升 POS 数据后处理精度。融合解算中，在点云和全景数据融合解算完成后，对全景影像发生旋转、偏移的位置进行相机参数的调整，提高点云同全景影像的匹配精度。

2.7 水利三维场景的构建与集成共享技术

2.7.1 基于海量数据的高精度三维场景构建技术

在构建全省高精度三维场景时，项目采用海量数据的集成、发布与分布式并行计算技术，将全省 0.3 m 分辨率影像和地形地貌数据进行整理、拼接、加密、融合，叠加水利三维模型以及各种矢量地理数据，实现多尺寸、多源数据的裁剪和优化，最终形成高精度的三维场景。构建技术路线如图 2-17 所示，主要包括影像和高程数据入库与拼接融合、三维模型数据的优化、矢量数据的发布、三维场景的集成与发布。

影像和高程数据入库与拼接融合：无须创建三维地形数据集，将全省 0.3 m 分辨率的影像和高程数据整理、拼接与分区域融合。

三维模型数据的优化：根据地形影像完成三维模型的优化和修改，使三维模型无缝镶嵌在地形影像之上。

矢量数据的发布：将二维矢量数据发布为符合 OGC 标准的 WMS 和 WFS 服务。

三维场景的集成与发布：完成所有区域场景数据的集成，进行发布。

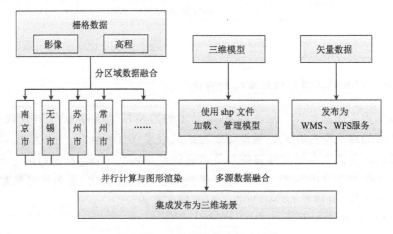

图 2-17 三维场景构建技术路线

其中，主要采用影像和高程数据的直接调用技术、三维模型的优化调用以及并行计算与多源数据图形渲染技术。

（1）影像和高程数据的直接调用技术

区别于传统三维场景构建三维地形数据集的方式，项目将江苏省 0.3 m 分辨率（数据大小约为 12 TB）的影像数据和高程数据统一整理（按行政区划进行金字塔优化与融合）后，直接进行发布与调用,解决了融合海量影像数据速度过慢和效率较低的问题,有利于数据的实时更新。

(2)三维模型的优化调用技术

项目配置 . shp 文件,通过 . shp 文件定义三维模型的名称、位置、偏转角等属性,建立三维场景时只需调用发布的 . shp 文件即可完成批量模型的调用。

(3)并行计算与多源数据图形渲染技术

针对已整理和优化完成的海量栅格数据、三维模型、矢量数据,项目使用并行计算和图形渲染技术完成多源数据的融合与发布,完成场景数据的分类、分区域存储,便于客户端快速访问。

2.7.2　基于流式的场景传输技术

项目采用基于流式的场景传输技术,利用网络数据服务器的计算优势处理海量三维数据,动态对地形影像数据、水利三维模型数据进行管理,能够及时、高效地调用和显示三维场景。主要通过服务器端数据管理、客户端访问机制和流式网络传输三方面协同工作来实现。

(1)服务器端数据管理

利用服务器集群的并行计算处理能力高效地管理图层和数据源,对服务端的运行状况进行实时统计和巡检。

(2)客户端访问机制

省、市、县三级并发用户采用动态调度与流式传输技术访问超大规模海量三维数据,解决了网络大数据传输慢的问题,实现了三维场景的实时更新,如图 2-18 所示。

①客户端使用直联方式连接到服务器端,在首次访问某区域三维场景时,服务器端以数据流的形式返回当前视野的栅格数据、最近的模型和当前分辨率下的矢量数据,并将实时刷新的数据存储到服务器端缓存。

②客户端非首次访问三维场景中某区域数据时,服务器直接流传输缓存中的数据,同时根据三维视野和分辨率的变化实时刷新服务器缓存中的数据。

(3)流式网络传输

针对并发用户的三维数据请求,服务器集群共同分担海量数据的读取负荷,并以流的形式将高精度的三维地形场景实时传输给客户端,平滑、无缝地显示三维数据。

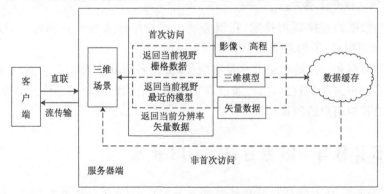

图 2-18　流式场景传输流程

2.7.3 基于 Web 的实时动态更新与共享技术

结合省、市、县三级用户对三维数据实时共享的需求,项目采用基于 Web 的实时共享技术,以服务的形式为省、市、县三级用户提供三维功能和数据的共享调用,在网络上实现实时更新、数据交换。

项目采用服务的形式,为省、市、县三级用户提供三维数据的实时共享,用户通过调用功能和数据服务共享接口,构建网络环境下的分布式三维地图系统,快速建立和部署三维地图应用,实现跨地区、跨部门的三维地图资源的互联互通和集成应用。

功能和数据服务共享接口包括客户端功能服务接口和服务器端数据共享服务接口,如图2-19 所示,客户端使用 JavaScript 封装类实现三维地图的基本功能服务,服务器端采用 SpringMVC 架构开发三维数据共享服务。

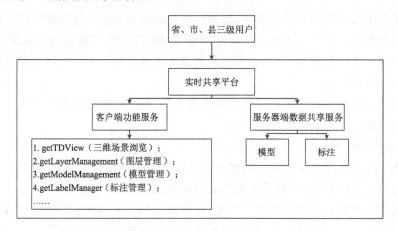

图 2-19 功能和服务共享接口

1. 客户端功能服务

主要实现常用的三维 GIS 基本功能,包括三维场景浏览、图层管理、模型管理、标注管理、二三维联动等。通过使用 JavaScript 创建三维主类,并在主类中定义各三维内部类来实现,外部以服务接口的形式提供给用户,用户通过互联网实时调用客户端功能服务。

2. 服务器端数据共享服务

①基于原始数据的直接调用技术,在服务器上更新影像或高程数据源后,可直接在客户Web 端上实时调用刷新,节约时间和资源。

②实现三维模型和标注的数据共享发布服务,支持各级用户部门将自身可共享的数据以规定的数据格式发布为共享数据,用户通过共享服务地址读取、删除、上传三维数据,并通过共享的方式提供给其他用户访问调用。

2.8 基于云计算与 GIS 融合的云 GIS 技术

简单来说,云 GIS 技术就是在云基础设施之上运行 GIS 平台软件和服务,并通过网络提供 GIS 功能,这可以让任何人在任意时刻和位置使用 GIS 功能并分享 GIS 资源。目前的公有云 GIS 平台,例如 www. arcgis. com 和 www. giscloud. com 都是架构在 Amazon AWS 这个云基础设施之上的,这样就可以让 Amazon 根据 SLA(服务等级协议)去保证底层 IaaS 服务的高可用性和计算能力的弹性伸缩,进而确保上层云 GIS 服务的稳定性。云 GIS 平台自身需要实现利用云基础设施相关功能达到 GIS 计算能力和空间数据资源的多租户隔离。

　　因此,本项目的基本思路是参考公有云 GIS 的实现过程并严格依据云计算的相关标准,实现一个构建在私有云基础设施环境中的云 GIS 平台。本项目选择 VMware vCloud Director 作为底层的云基础设施管理系统,再通过集成 ArcGIS Server,将通用的计算能力转变为 GIS 空间计算能力后对外以自服务的方式提供。云计算架构示意图如图 2-20 所示。

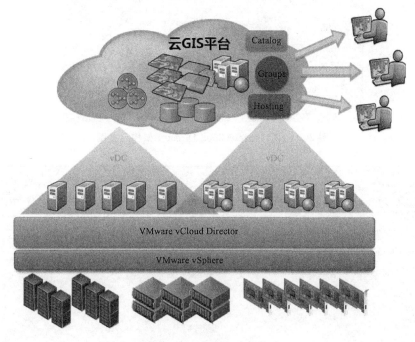

图 2-20　云计算架构示意图

2.8.1　云 GIS 的架构体系设计

　　VMware vCloud Director 实现了软件定义的数据中心,与传统的服务器虚拟化相比,它提供的不仅仅是传统的虚拟机,而是一个企业级的虚拟数据中心。它以组织(租户)为逻辑单元,每个组织可以拥有属于自己的多个虚拟数据中心(vDC),虚拟数据中心包含了独立的虚拟 CPU、内存、网络以及存储资源。在虚拟数据中心内部以虚拟器件(vApp)的形式组织虚拟机 (vm)以运行具体的业务应用。借助于底层 VMware vSphere 提供的高可用性(HA)和容灾 (FT)等技术,提高了业务的连续性和可靠性,同时还实现了极高的灵活性。图 2-21 为 VMware vCloud Director 中单个组织(租户)的逻辑架构。

　　VMware vCloud Director 与 VMware vSphere 以及物理硬件层的关联关系如图 2-22 所示。

　　总体上,VMware vSphere 的服务器虚拟化技术将物理硬件:服务器、交换机和存储设备虚拟成为综合的虚拟计算资源池,VMware vCloud Director 在这个基础之上再将这个虚拟池

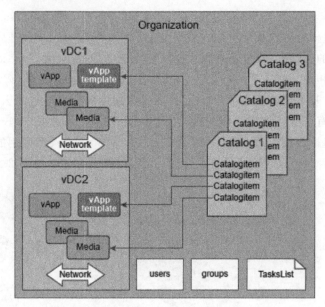

图 2-21　VMware vCloud Director 架构示意图

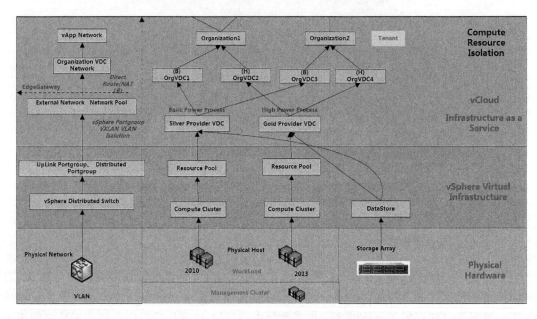

图 2-22　vCloud 与 vSphere 关系示意图

以软件定义的方式进行切分,并动态地提供租用服务。

在虚拟网络层级上,VMware vCloud Director 划分为外部网络、组织虚拟数据中心网络、vApp 网络,在这三层网络之间可以接入网关服务(Edge Gateway)提供 NAT、VPN 以及防火墙和负载均衡器,由于这些服务都是通过软件定义的,所以可以实现灵活的按需生成与销毁。

除了直接提供 Web 的操作界面外,VMware vCloud Director 还提供了标准的 RESTful 的 API,使其与 IaaS 无缝集成,主要功能有:

①实现 VM 的创建、销毁、停止与启动;

②实现 VM 状态信息的获取与监控；

③获取 IaaS 环境中资源池容量状态信息。

2.8.2　云 GIS 的弹性伸缩机制

ArcGIS Server 的最新版本采用了"点对点"的站点集群架构,可以动态地增加和删除计算节点进而实现集群中 GIS 服务能力的横向扩展。其架构如图 2-23 所示。

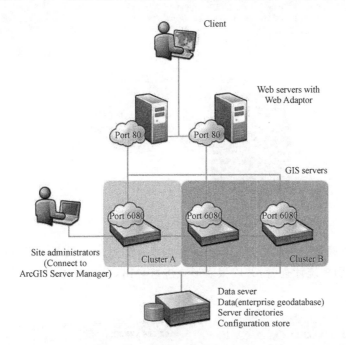

图 2-23　站点集群架构图

云端管理平台将 ArcGIS for Server 站点与 VMware vCloud Director 提供的 vApp 以及负载均衡器相结合,并监控对应的 GIS Server 的虚拟机的 CPU 等运行指标,使用 VMware vCloud API 与 ArcGIS Server admin API 在新增或删除虚拟机节点后将新的节点加入 Arc-GIS for Server 站点中。ArcGIS Server 与 vCloud 集成示意图如图 2-24 所示。

2.8.3　基于自服务模式的云 GIS 按需定制技术

ArcGIS 私有云管理系统将不同类型的 GIS 请求调度到对应的计算资源池,例如,将计算密集型的 GP(地理处理)服务在高性能资源集群中执行,而其他普通的地图服务则在低性能硬件中执行,从而科学、合理地使用云基础设施中的计算资源。此外,其提供的自服务页面允许用户自由地选择不同的软件版本、不同的操作系统类型以及不同的 CPU 和内存配置去生成 ArcGIS for Server 的站点,提高测试和生产的效率,并且根据租约设置,可自动回收计算资源。

ArcGIS for Server 的"点对点"架构解决了 GIS Server 的单点故障,在 Web Server 层通过结合 VMware vCloud Director 的网关服务提供的负载均衡器与 ArcGIS Server 的 Web Adaptor,消除了 Web 层的单点故障。对应的网络拓扑如图 2-25 所示。

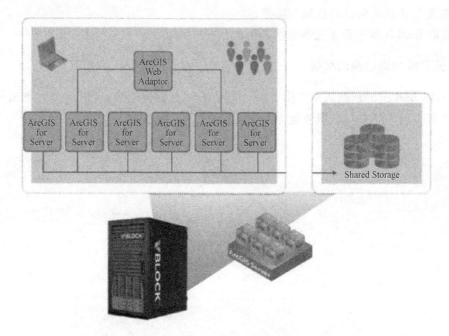

图 2-24　ArcGIS Server 与 vCloud 集成示意图

　　自服务系统还提供对当前用户下所有的站点以及站点中的服务请求量的度量,可以实时查看,也可以进行历史统计查看,并以报表形式进行导出,做到对用户消耗的云中的 GIS 资源的精确度量。

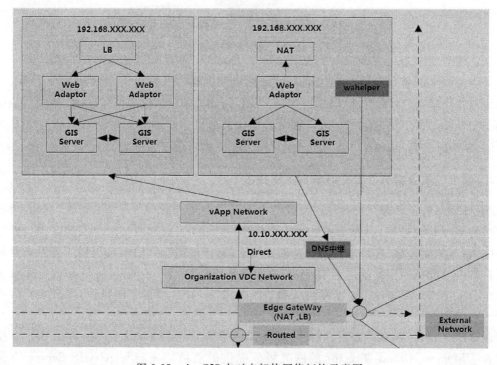

图 2-25　ArcGIS 点对点架构网络拓扑示意图

第3章　平台总体设计

3.1　总体设计原则

1. 开放性和规范性原则

按照"统一框架、统一标准"的原则,开发面向网络的地理信息采集、分发、交换、更新和共享等平台服务系统,采用开放式的结构设计,使系统具有可扩展性。同时制定一系列标准与规范,集成整合来自分散、异构、异源的地理空间信息资源,从而提高平台进行数据加工处理的效率以及对外提供数据服务的质量。

2. 先进性和实用性原则

采用科学、主流、符合发展方向的先进技术和理念进行平台的设计与建设,保证系统的技术性能和质量指标达到国际先进水平,通过技术创新,提供一流的地理信息共享服务。系统结构力求简洁、清晰、实用等人性化设计理念,充分考虑用户的计算机水平和操作习惯,保证用户界面友好,使用简单易行。

3. 安全性和保密性原则

全面考虑系统安全性,建立一整套有效的安全保障体系,确保信息的共享与服务符合国家的相关保密法规和政策。平台的网络和软件系统应充分考虑数据的保密与安全,在平台运行过程中,采用一系列完备的空间信息资源安全体系与系统安全管理策略,确保地理信息服务的在线运行。

4. 可靠性和稳定性原则

可靠性指系统运行过程中的抗干扰和正常运行能力。平台必须具有稳定可靠的性能,能够经受长期的不间断运行考验。平台涉及用户多、访问量大,重点考虑多用户并发任务实时操作的稳定性和吞吐量,考虑到应用的复杂网络环境和多种多样的用户需求,确保平台服务运行稳定。

3.2　总体技术路线

1. 遵循标准,建立平台标准规范体系

在遵照国家、部门和行业相关标准的前提下,采取参照引用和自行制定相结合的方式,提供一套符合江苏省水利地理信息服务平台建设实际的标准、规范和切实可行的管理办法,用以保障平台顺利实施和运行。

2．面向应用构建水利地理信息数据库

按照数据标准规范，从现有水利地理信息系统一期数据、水利普查数据和测绘部门提供的基础地理信息数据中抽取、加工、融合、处理，最终形成水利地理信息数据库。

3．采用 SOA 和 Service GIS 技术搭建服务平台

平台基于 SOA 体系设计理念，利用 Web Service 方法实现一种松散耦合式异构环境的集成，便于实现跨平台与互操作，同时将地理信息数据功能封装成符合 OGC 标准规范接口，构建面向服务的，融合共享服务提供方、使用方和管理方为一体的地理信息数据共享框架体系结构，实现基于统一注册和分级授权的服务组织模式与运行管理机制，达到地理信息共享交换的持续扩展。

4．采用先进的 IT 架构搭建平台运行支撑环境

以现有网络软硬件设备为基础，结合当前主流 IT 架构思想，体现高度的前瞻性和可扩展性，采用"分期投入，逐步扩展，保证平台应用的完整性和硬件投资的有效性"原则，基于江苏省水利专网搭建江苏省水利地理信息服务平台的运行支撑环境，包括网络软硬件设备、支撑软件和安全保障体系。

5．基于统一框架和服务接口开展平台典型应用

平台采用统一的架构，在网络环境下开发自适应、可扩展应用的地理信息服务平台，将数据、功能封装为服务器端的在线服务接口和客户端的应用开发接口，通过服务接口适配器集成已有的应用系统，快速定制、开发水利地理信息典型应用。

3.3　总体架构设计

江苏省水利地理信息服务平台采用统一身份、统一目录、独立授权、互联互访的模式构建，由运行支撑层、数据层、服务层和应用层构成。江苏省水利地理信息服务平台总体架构如图 3-1 所示。

（1）运行支撑层

运行支撑层贯穿于整个平台，包括平台标准规范体系和运行环境体系两部分。其中标准规范体系包括数据规范、服务规范和应用规范；运行环境体系包括网络、计算机、存储备份系统、安全保密系统和环境设施等。

（2）数据层

数据层包括基础地理数据库、地理框架数据库、水利空间数据库、水利属性数据库以及元数据库等。数据的处理、存储、编辑等由数据管理系统来实现。

（3）服务层

服务层是平台建设的核心内容。服务层主要包括服务系统、运维管理系统和平台门户系统。服务层以平台门户系统为统一访问界面，对外提供数据服务接口和功能服务接口；用户既可通过门户网站使用平台提供的在线地理信息服务，也可通过调用平台提供的功能接口，快速构建业务应用系统。

（4）应用层

应用层是水利主管单位、政府部门用户、社会公众基于平台服务建立的应用系统的集合。从用户角度看，平台是一个信息服务机构，用户通过应用系统完成对水利地理信息服务平台所

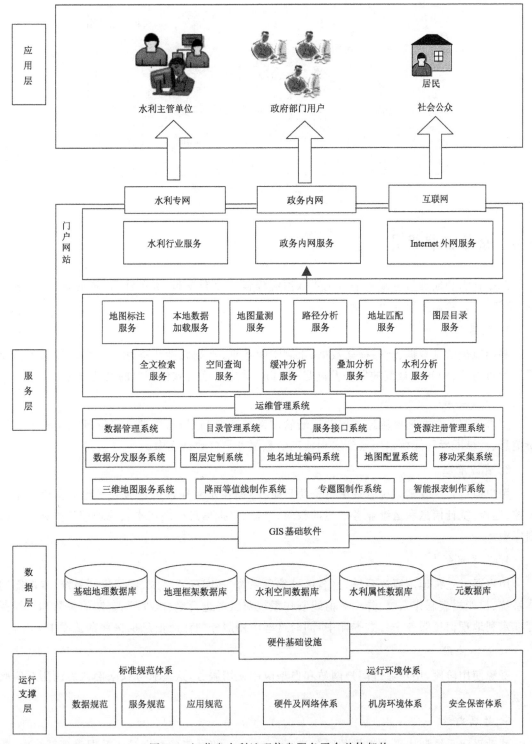

图 3-1 江苏省水利地理信息服务平台总体架构

提供的各类信息服务的使用。

江苏省水利信息网络如图 3-2 所示。

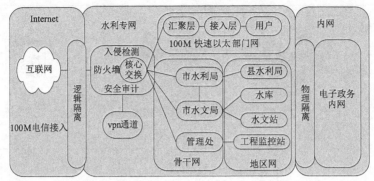

图 3-2   江苏省水利信息网络图

3.4   总体流程设计

江苏省水利地理信息服务平台主要数据流程包括数据发布、资源注册、资源管理、资源定制、资源使用、数据更新 6 个节点。

1. 数据发布

基础地理信息数据、地理框架数据、水利空间数据、水利属性数据和元数据通过服务接口系统发布为符合 OGC 规范的服务及满足 skyline 等专业平台软件需要的其他服务。

2. 资源注册

用户将服务与数据资源通过资源注册管理系统注册到平台,资源注册管理系统将资源注册信息、目录配置和元数据记录到水利地理信息服务平台数据库中。

3. 资源管理

用户通过目录管理系统管理平台资源目录,存储在水利地理信息服务平台数据库。服务监控、巡检、统计信息和运维业务产生的权限、单位、审批信息存储在水利地理信息服务平台数据库中。

4. 资源定制

用户通过三维地图服务系统、地名地址编码系统、地图配置系统、图层定制系统、专题图制作系统、智能报表制作系统、降雨等值线制作系统对服务进行聚合、处理、定制的参数和结果保存在水利地理信息服务平台数据库中,同时这些应用服务的注册信息也保存在该库中。

5. 资源使用

资源使用阶段,用户通过门户网站和典型应用使用服务,这些服务权限确认后调用对应服务组件。

6. 数据更新

移动采集系统调用平台提供的服务进行外业采集,将采集的数据导入数据管理系统中,数据管理人员利用数据管理系统更新基础地理信息数据、地理框架数据、水利空间数据、水利属性数据和元数据实现服务内容的更新。

江苏省水利地理信息服务平台的顶层数据流程如图 3-3 所示。

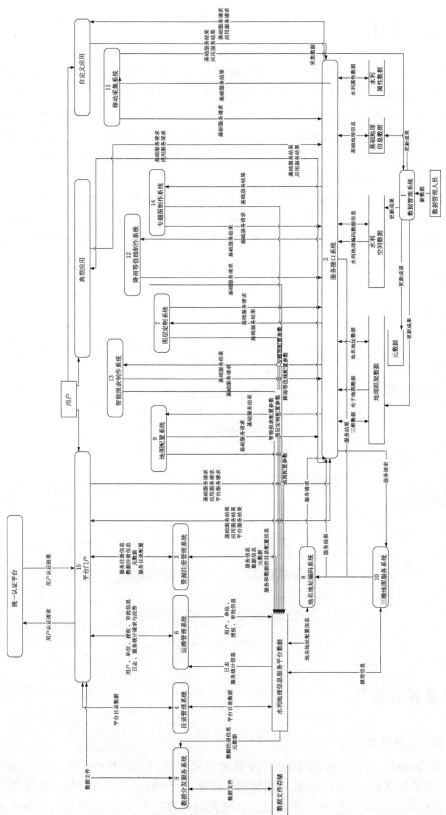

图 3-3　江苏省水利地理信息服务平台顶层数据流程图

3.5 运行模式设计

在运行模式方面,平台依靠 CA 认证系统建立的江苏省水利系统统一身份体系,实现省、市级平台用户验证统一。通过建立目录同步机制,省、市级平台保存江苏省水利地理信息平台总目录。省、市平台对本平台注册的资源独立授权,在身份和目录统一的基础上,实现用户在省、市平台上资源互查互访。市级水利地理信息服务平台采用分布式方案,设置独立的软硬件体系,县级平台依托江苏省水利厅构建的江苏省水利专网云计算平台提供的基础设施,采用数据、软硬件托管方案,无须添置软硬件。

对于没有建成水利地理信息服务平台的水利部门,通过两种方式共享数据:第一,将数据上传到平台数据库中并注册,通过省平台服务接口系统发布服务;第二,将水利数据的访问方式信息提交给省平台,并注册到省平台中,省平台数据接口系统直接访问该水利部门的数据并发布为服务。

平台运行模式如图 3-4 所示。

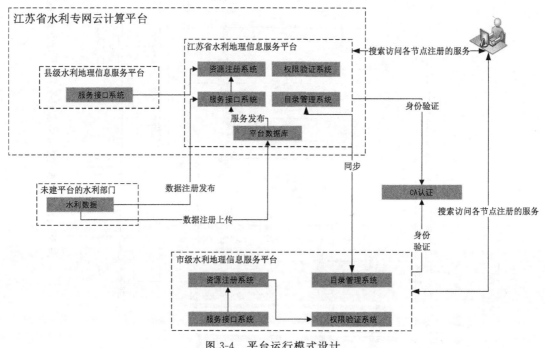

图 3-4　平台运行模式设计

3.6 标准接口设计

1. 人机交互接口设计

最终用户将通过 3 种方式访问平台,分别为浏览器/服务器(Browser/Server)架构的应用、客户端/服务器(Client/Server)的应用架构和移动应用(App)。C/S 架构的应用采用 Windows 标准人机交互模式设计,用户使用鼠标和键盘与程序进行交互;B/S 架构应用采用 html

页面交互设计,用户使用键盘和鼠标与程序交互;移动应用在人机交互设计上,绝大部分应用场景考虑用户使用手指触摸屏幕的人机交互方式,少部分应用场景考虑增加键盘和鼠标作为人机交互方式。

2. 平台服务层与应用层接口设计

平台服务层向应用层提供 4 种类型接口:一是符合 OGC 规范的地图类接口,包括 WMS、WFS、WMTS、WFS-G、WCS;二是符合 OGC 规范的目录服务接口(CSW);三是平台管理类接口,包括用户管理类接口、权限管理类接口、资源发布管理类接口、日志查询分析类接口;四是应用服务类接口,包括移动采集服务接口、智能报表制作接口、专题图制作接口、三维服务接口、河景系统服务接口。其中第三和第四类以 REST 风格接口和 SOAP 接口提供给客户端调用。

3. 平台服务层与数据层接口设计

服务层采用 JDBC 访问数据层的数据库。

第4章 平台详细设计与实现

4.1 标准规范编制

江苏省水利地理信息服务平台是一个庞大的系统工程,为保证资源的相互兼容与沟通,满足不同层次、不同类型用户的需求,需要建立一系列相互配套的标准规范和运行管理机制,形成适应实际应用需求的项目标准体系。

江苏省水利地理信息公共服务平台提供资源共享、资源使用和运维管理功能,相应的标准规范与此对应,应建立数据资源类标准、建设管理类规定、应用服务类标准和相关管理办法。

资源共享与使用的基础是统一规范的数据,应根据平台建设所需数据,分类建立相应的数据规范。资源的更新维护,要求建立或更新对应完整的元数据建设规范,方便对数据情况的了解和追溯。同时,考虑到平台服务的广泛性和衔接性,水利资源共享需要在技术和政策方面的支撑,建立相关共享、发布、管理规范。

江苏省水利地理信息服务平台是个长效使用的平台,运维管理包括数据维护和平台运维,主要实现对用户、数据、服务等的全过程管理和监控,保障系统的正常、安全而稳定地运行。这就需要编制相应的数据维护与更新规范、平台运维管理规范、相关质量评价体系及相关数据、人员、设备等的管理办法。

江苏省水利地理信息服务平台以服务方式提供地理信息应用中的各项功能,支持多样化服务统一衔接,实现资源共享。基于不同平台的开发,需要编写相应的应用开发规范和相关技术要求。由需求分析可知,江苏省水利地理信息服务平台待建设及待修订的标准规范22个,其中包含数据资源类14个(包括修订江苏省水利地理信息系统一期工程建设的8个规范)、建设管理类2个以及应用服务类标准规范6个。另外编制9个与平台运行相关的管理办法。

江苏省水利地理信息服务平台涉及数据处理、数据建库、平台功能建设、应用服务、数据的集成及共享、平台相关管理等各个环节。为保证平台建设的规范性、有效性和可控性,需要建设江苏省水利地理信息服务平台标准体系。

平台标准体系将标准化江苏省水利地理信息服务平台建设的全过程,包括数据资源类标准、建设管理规定、应用服务类标准、管理办法4个部分。内容涵盖水利地理信息的处理、存储、管理和服务,平台系统功能开发,平台服务共享,平台管理等环节。江苏省水利地理信息服务平台建设实现水利地理信息分类和编码标准化、信息存储标准化、信息安全与保密标准化、信息服务与共享标准化。

4.2　数据加工与组织

4.2.1　数据分类

　　数据是水利地理信息服务平台最基础的组成部分,平台建设必须建立在准确合理的地理数据基础上。地理要素一般由两个部分构成:几何形状和属性,对应的数据分为空间数据和属性数据。空间数据的表达可以采用栅格和矢量两种形式,用于表现地理空间实体的位置、大小、形状、方向以及几何拓扑关系。属性数据用于表现空间实体的空间属性以外的其他属性特征,是对空间数据的说明。水利地理信息服务平台中使用的空间数据分为基础地理信息数据和水利地理信息数据,由于平台使用的专业性和针对性,平台建设的属性数据与水利地理数据的属性信息相一致。

　　江苏省水利地理信息服务平台的系统数据分类图如图 4-1 所示。

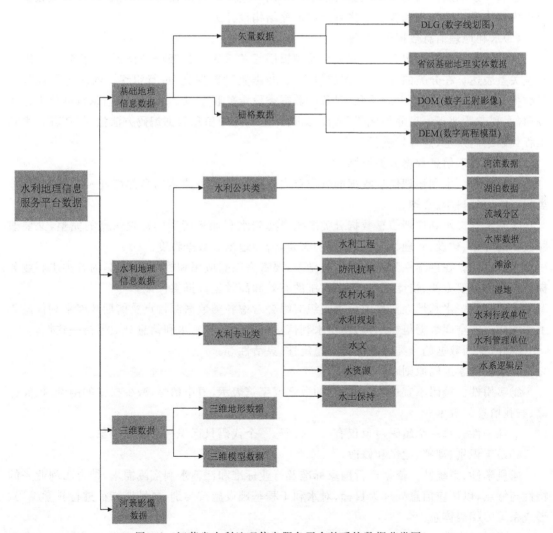

图 4-1　江苏省水利地理信息服务平台的系统数据分类图

上述分类图主要针对江苏省境内数据,涉及江苏省省外基础地理数据部分,基于全国1:25万地理底图数据,对相关要素如道路、水系等做接边处理后,连同省内数据一并入库发布。

4.2.2 江苏省水利地理信息数据库建设

1. 省级水利地理信息数据分层、编码

(1)数据分类

江苏省水利地理信息服务平台涉及水利地理信息数据主要指水利矢量数据,分为水利公共类和水利专业类,具体包含以下八大类:水利公共类、水利工程、防汛抗旱、农村水利、水利规划、水文、水资源、水土保持。每一大类中包含其逻辑相关的若干空间数据类。水利服务平台操作的数据主要为水利地理信息数据(包含空间与非空间数据),如图 4-1 所示。

图 4-1 所示的水利地理信息数据均指水利实体数据。部分水利实体数据需要创建相应图元信息,方便数据组织管理和维护。

水利要素的属性数据可以依据要素唯一编码与空间对象相关联,为普通库表,属性数据的数据库结构设计参考水利普查台账系统数据库结构设计进行。

(2)水利地理信息数据分类、编码

水利地理信息数据按要素空间关系及逻辑层级关系采用分级分类体系,方便数据组织和层次关系表达。在分类的基础上,图层组织按"数据集""数据类"进行组织。同时为了规范空间数据,并保持与属性数据的关联,对每一数据类设定关联字段。水利地理信息数据分类方法按照《水利专题地理信息分类规范(修订)》进行,水利地理信息数据编码方法按照《江苏省水利工程代码编制规定(修订)》进行。

1)水利地理信息数据分类原则

①科学性。水利地理信息数据的分类首先考虑空间地理要素的自然特性及使用方式,分类尽可能做到科学、合理。

②系统性。水利地理信息数据分类既要考虑到水利业务所需的地理信息的完整,又要兼顾数据的应用、建设、管理、维护和更新的需要,恰当地划分数据粒度。

③实用性。在科学性和系统性的基础上,要考虑数据应用和管理的需求,为各类水利业务提供数据服务要方便、快捷,要为应用系统的有效和高效运行提供保证。

④兼容性。水利地理信息的分类组织应综合考虑各类数据源特点及前期开展水利信息化工作所建立的空间数据组织结构,使得水利信息分类能与已有水利信息分类保持一致性。

此外,空间数据的分类分级应具有稳定性、灵活性等。

2)水利要素编码原则

①实用性。编码不宜过长,用简单的数字或字符表示,短小精悍,减少操作的困难,提高存储、查找信息的效率。

②唯一性。每一个编码对象仅有一个代码,一个代码只标识一个编码对象。

③易于识别、理解、记忆和修改。

④科学性、系统性。依据现行国家标准及行业标准和江苏水利实际需求,结合水利业务的特性与特点,以适应信息处理为目标,对水利工程基础设施按类别、属性或特征进行科学编码,形成系统的编码体系。

⑤相对稳定性。编码体系以各要素相对稳定的属性或特征为基础,编码在位数上留有一

定的余地,能在较长时间里不发生重大变更。

⑥完整性和可扩充性。编码既反映要素的属性,又反映要素间的相互关系,具有完整性。编码结构留有适当的扩充余地,以适应将来发展的需要。

3)水利地理信息数据分层组织

分层结构的 GIS 数据组织,需要各层数据都应有统一的几何坐标系、统一的比例尺。数据源不同,需要通过 GIS 的功能进行变换。水利地理信息分层组织使得各类数据层自成体系,各层能独立地进行图形编辑和分析提取,各层数据都可以有自己的拓扑空间关系。

2. 省级水利数据处理

江苏省水利部门建立了多个应用系统,由于各系统需求不同、开发环境有差异等原因,应用系统涉及的基础地理数据在数据分类、数据格式、空间参考、数据编码、数据结构等方面存在不一致性。按照国家相关规定,新建地理信息数据库的空间参考须使用 CGCS 2000 国家大地坐标系,因此,为满足数据共享需求,减少数据应用过程中的坐标转换工作量,保证数据精度,基础地理数据库将和省水利地理信息数据库一致,均采用统一的空间参考,即全部统一到 CGCS 2000 国家大地坐标系和 1985 国家高程基准上。

在此基础上,考虑到本系统与江苏省水利部门已有的若干应用系统之间的衔接问题,本项目将另外提供一套以 1980 西安坐标系为空间参考的基础地理数据库,以满足水利部门其他相关应用系统需求。

(1)水利地理信息加工整理

水利地理信息平台数据来源主要有 3 个:江苏省水利普查成果数据、江苏省水利一期成果数据、江苏省基础测绘成果数据,此外还有各水利单位自测的部分数据。这些数据因为采集时间的差异和采集标准的不同,会存在重复或冲突的情况,需要对数据进行整合、集成和再组织。同时,由于数据整合和更新,需要对水利要素间的空间关系通过数据处理和拓扑补建方式重新构建。水利地理信息加工整理是为了获取现势性好、数据组织规范的水利地理信息,规范数据分类编码体系,明确数据库结构,对原始成果数据需要进行信息的统一组织、统一标准的处理工作,以方便数据的有效组织和管理。

水利地理信息的加工整理:数学基础的统一、不同数据源数据整合、创建图元、数据编码及分类、空间关系的建立、数据重组织及结构的规范等。

数学基础的统一是规范数据的坐标系,保持数据的一致性。

不同数据源数据整合,是为了满足数据完整性、现势性要求,对不同数据源冲突或重复的情况进行处理。空间数据整合过程中,保留一期数据的属性信息与水利普查(以下简称水普)数据的唯一标识信息,使其满足与不同属性库的连接。对于一期数据与水普数据相互多出且不重复的部分,直接导入对应数据层中,不需要处理。对于一期数据与水普数据重复和冲突的部分,分情况处理。①点层数据,保留水普的空间对象,将一期中所含属性填写在保留后的对象的对应字段中。②线层数据和面层数据,一期数据与水普数据空间对象唯一对应的,保留水普的空间对象,将一期数据属性填写在保留后的对象的对应字段中;一期数据与水普数据存在多对一的情况,对水普数据进行分割,分段赋予一期数据对应属性;一期数据与水普数据存在一对多的情况,对一期数据进行分割,分段赋予一期数据对应属性。

图元的创建涉及水利要素的部分层,主要为跨区域要素,如河流数据等。图元创建的颗粒度为县级,以河流数据为例进行说明。河道面按行政区进行分割处理,分割后的数据填写相应行政区信息,后期编码,图元唯一标识码采用"行政区代码+原实体编码"的方式进行。同时为更方便溯源和与实体关联,图元中增加"图层字段"和"实体编码字段",用于记录图元对应的实体层及实体唯一标识码。

数据编码及分类是针对所有水利空间要素。数据编码按照《江苏省水利工程代码编制规定(修订)》要求,逐层编写水利要素代码。数据分类按照《水利专题地理信息分类规范(修订)》中规定的"水利要素分类体系"编写水利要素分类代码。

由于数据整合和更新,对部分水利要素间的空间关系,须重新进行数据处理和拓扑补建,如河湖取水口、入河湖排污口、地表水水源地等与水系数据通过统一的数据处理补建空间关系。水利普查数据的业务关系,直接沿用。

数据重组织及结构的规范是为数据规范入库做准备。明确每一数据集所包含的数据类,规范数据类的结构。

(2)水利属性信息加工整理

水利空间数据处理原则为水利普查空间数据和以往信息化项目空间数据中的要素编码都予以保留,使之能够保持与水利类属性数据库的挂接关系,所以水利属性库建设实际为多个相对独立的属性库建设。

江苏省水利地理信息服务平台属性数据库建设本着充分发挥已有资源的原则,充分利用已有属性数据库。属性数据库的管理和维护采用属地原则,由原使用者维护。由于数据加工整理,空间数据存在拆分、合并等操作,对应水普属性信息,其编码与平台空间数据保留的"水普属性编码"字段保持关联。

3. 省级水利数据组织

空间数据的组织采用空间分层、平面分块的分类原则。平台水利地理信息采用关系型数据库进行管理,所有地理信息均采用 GeoDatabase 存储于 Oracle 数据库中,通过 Oracle Spatial 进行空间数据的管理与访问。

水利数据的属性信息将直接通过水利属性数据库来获得,而不是重新创建水利要素的属性表,各水利属性库的组织与已有属性库保持一致。最终建成多套属性数据,根据使用者、用途、范围确定所需要读取的属性信息。

(1)水利地理数据组织

水利数据的分层方式主要参考水利普查和水利一期要素分层分类方式进行,规范数据,保证数据的全面性、合理性。

江苏省水利地理信息的数据分层情况如表 4-1 所示。

表 4-1　江苏省水利地理信息数据分层表

数据集	序号	描述	层名	几何特征
1. 水利公共类	1	流域分区	H_PUB_REG	面
	2	河流	H_PUB_RVA/ H_PUB_RVL	面/线
	3	湖泊	H_PUB_LAKE	面
	4	水库	H_PUB_RS	面
	5	滩涂	H_PUB_BA	面
	6	湿地	H_PUB_MR	面

数据集	序号	描述	层名	几何特征
1. 水利公共类	7	水利行政单位	H_PUB_SV	点
	8	复式河道内河道	H_PUB_DHI	面
	9	水系逻辑层	H_PUB_LOGP/H_PUB_LOG	点/线
	10	保护区	H_PUB_PRT	面
	11	河道堤防行政分片	H_PUB_DKR	面
	12	水利工程管理范围	H_PUB_MAR	面
	13	水利工程保护范围	H_PUB_PTR	面
	14	河道蓝线	H_PUB_RVB	线
	15	码头	H_PUB_PIR/H_PUB_PIRA	线/面
	16	水库移民发布	H_PUB_RRP	面
	17	移民后扶持工程	H_PUB_RRH	点
	18	水下高程点	H_PUB_GWP	点
	19	等深线（分计曲线、首曲线）	H_PUB_ISO	线
2. 水利工程	20	堤防	H_IND_DK/H_IND_DKA	线/面
	21	堤防里程桩	H_IND_DKM	点
	22	海堤	H_IND_SWCDNM/ H_IND_SWCDNMA	线/面
	23	海堤里程桩	H_IND_SWCDNMM	点
	24	水闸工程	H_IND_CLSLENP/ H_IND_CLSLENL/ H_IND_CLSLENA	点/线/面
	25	泵站工程	H_IND_PUMP/ H_IND_PUMPL/ H_IND_PUMPA	点/线/面
	26	跨河工程	H_IND_STRVPRA/ H_IND_STRVPRL/ H_IND_STRVPRP	面/线/点
	27	穿堤建筑物	H_IND_PLBNCNA/ H_IND_PLBNCNL/ H_IND_PLBNCNP	面/线/点
	28	治河工程	H_IND_CNRVPRA/ H_IND_CNRVPRL/ H_IND_CNRVPRP	面/线/点
	29	圩区	H_IND_POLDER	面
	30	水库大坝	H_IND_DAM/H_IND_DAMA	线/面
	31	水电站工程	H_IND_POWER/ H_IND_POWERA	点/面

数据集	序号	描述	层名	几何特征
2. 水利工程	32	引调水工程	H_IND_TR/H_IND_TRA	线/面
	33	农村供水工程	H_IND_CWS	点
	34	组合工程	H_IND_IE	点
	35	塘坝	H_IND_POND	面
	36	撇洪沟	H_IND_FCL/H_IND_FCA	线/面
	37	渡槽	H_IND_THR	线
3. 防汛抗旱	38	蓄滞洪区	H_FCD_HSGFS	面
	39	易涝区	H_FCD_EWS	面
	40	易旱区	H_FCD_EDS	面
	41	防汛物资仓库	H_FCD_FMW	点
	42	防汛抗旱指挥部	H_FCD_FMFDM	点
	43	险工险段	H_FCD_DWSA/ H_FCD_DWSL/ H_FCD_DWSP	面/线/点
4. 农村水利	44	灌区	H_RWT_IRSC	面
	45	翻水线	H_RWT_WATERLINE	线
	46	渠道	H_RWT_DITCH/ H_RWT_DITCHA	线/面
	47	沟道	H_RWT_CHAN/ H_RWT_CHANA	线/面
	48	农桥	H_RWT_FBR	线
	49	小流域分布图	H_RWT_SMR	面
	50	农村水利设施	H_RWT_IND	点
	51	农村饮水工程	H_RWT_WAP	点
	52	农村饮水工程覆盖区域	H_RWT_WPA	面
	53	水土保持项目发布	H_RWT_SWC	点
	54	水土保持分区	H_RWT_SWR	面
	55	地貌形态类型	H_RWT_TER	面
	56	土壤类型	H_RWT_ST	面
5. 水利规划专题	57	水利规划专题	H_WTP_HYP/ H_WTP_HYL/H_WTP_HYA	点/线/面
	58	前期规划建设项目	H_WTP_BEFORE	点
	59	计划重点投资项目	H_WTP_KEY	点

数据集	序号	描述	层名	几何特征
6. 水文	60	水文管理机构	H_HYD_HDM	点
	61	水文站	H_HYD_HDP	点
	62	水位站	H_HYD_WTP	点
	63	泥沙站	H_HYD_SSP	点
	64	水质站	H_HYD_WQP	点
	65	雨量站	H_HYD_PMP	点
	66	蒸发站	H_HYD_EVP	点
	67	地下水观测井	H_HYD_GWMW	点
	68	墒情站	H_HYD_EAP	点
	69	报汛站	H_HYD_RFP	点
	70	辅助站	H_HYD_ASP	点
7. 水资源	71	水功能区	H_WTR_WFA	面
	72	地表水取水口	H_WTR_SWP	点
	73	地下水取水口	H_WTR_GWP	点
	74	入河排污口	H_WTR_DLH	点
	75	地表水水源地	H_WTR_WSS	点
	76	规模以上用水户	H_WTR_BT	点
	77	公共供水企业	H_WTR_PWE	点
	78	规模化畜禽养殖场	H_WTR_FARM	点
	79	污水处理厂	H_WTR_DLF	点
	80	水文地质结构	H_WTR_WTS	面
	81	地下水水源地点	H_WTR_GWS	点
	82	水资源计算分区	H_WTR_WSRC	面
8. 水土保持	83	调查单元地形图（水蚀）	H_SWC_UM	面
	84	水蚀地块图	H_SWC_EB	面
	85	调查单元分布	H_SWC_UMP	点
	86	气象台站	H_SWC_MS	点

（2）水利属性数据组织

水利地理信息的属性数据尽量采用已有的属性数据库,江苏省水利属性数据库为多个相对独立的属性数据库。属性数据库由简单数据库表组成,分库单独存放,与空间数据通过表名和关键字关联。

4. 省级水利地理实体数据库建设

省级水利地理实体数据库建设包括水利要素图元建设、实体编码、图元与实体的挂接等工序。江苏省水利地理信息服务平台需要整合的数据主要是省水利一期数据和江苏省第一次全国水利普查数据,省级水利地理实体数据库建设就是在数据整合完成后,对水利要素数据在空间表达上进行重建,以地理实体的方式进行管理,解决目前水利要素空间数据管理存在的编码不统一、跨行政区等难题。

目前已有的水利地理信息数据库要素是按照类别进行组织的,对于每一类要素中的实体对象,需要对其进行统一的水利地理实体数据转换与生产,并对其进行规范化编码,规范化编码采用《江苏省水利地理信息服务平台地理实体/地名地址数据规范》,该水利实体要素与水利地名地址挂接,可以实现水利地理要素的快速查询检索等任务。

实现挂接关系后,要加工实体图元,建立图元表和实体表之间的关系,如图 4-2 所示。以 G 河流和 S 河流交叉现象为例(两条河流同属于一个水系)。

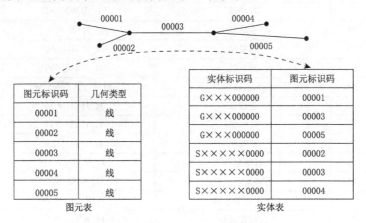

图元标识码	几何类型
00001	线
00002	线
00003	线
00004	线
00005	线

图元表

实体标识码	图元标识码
G×××000000	00001
G×××000000	00003
G×××000000	00005
S××××0000	00002
S××××0000	00003
S××××0000	00004

实体表

图 4-2　水利要素图元表和实体表之间的关系

水利点、线、面要素在建设实体时方法一致,但工作量不同。在具体预算时,根据相关定额标准,采用平均化的方式进行。

5. 水利时态数据库建设

水利要素具有不断变化的特性,如人类活动影响导致水系不断发生变化、水利工程设施的兴建与废弃、水文观测序列更是随时间而不断变化等。水利要素需要建立具有时间信息的时态数据库,以对历史和现势数据进行高效管理。

江苏省水利地理信息数据库要素扩展时间属性,增加地物产生和消亡时间记录,使之具备时态特性,构成江苏省水利地理信息时态数据库。这种时态数据库需要通过时态数据模型进行组织,必须满足节省存储空间、加快存取速度以及表现时态语义(时态语义包括水利地理实体的空间结构、有效时间结构、空间关系、时态关系、水利地理事件)三大要求。

由于全省水利系统尤其水利厅的数据采用 ArcGIS 的相关格式进行存储,江苏省水利地理信息时态数据库采用 ArcGIS 软件实现。根据 ArcGIS 在构建时态数据库时的工序,提出江苏省水利地理信息时态数据库建设的具体任务,包含时态数据库逻辑设计和时态数据库物理设计两大步骤。

(1)时态数据库逻辑设计

该阶段的任务主体是构建时态数据模型。根据江苏省水利地理信息管理的实际需要,结合 Oracle Spatial 版本管理技术,提出江苏省水利地理信息时态数据模型,为简便起见,归纳为:Hydro_CHT_EUR 模型,Hydro 代表水要素标识,C 表示水利要素现势库(Current),H 代表历史库(History),T 代表工作库(Temporary)。T 工作库又包括 3 种数据类型,其中 E 表示提取(Extraction),U 表示更新(Update),R 表示结果(Result)。综述起来,时态数据库逻辑设计阶段工作内容为:按照时态数据模型将水利地理信息数据库划分为现势库、历史库和工作库,现势库用于存储和管理现势性最高的基础空间要素,历史库存储水利地理要素的历史数据,工作库支撑水利地理要素的现实业务管理。

(2)时态数据库物理设计

该步骤实际上是空间数据库的部署。根据江苏省水利地理信息服务平台架构,将 3 个库分开部署在数据中心,其中工作库必须单独部署到一台服务器上。

6. 水利地理信息元数据库建设

水利地理信息平台建设要保持长效性、准确性、现势性,拟定采用定期更新的方式,故所有水利要素均需建立以实体为单位的元数据,在此基础上构建数据集级元数据,并最终形成数据库及元数据,保证数据更新的有效进行,并确保不同时态数据库的建设。

根据江苏省水利地理信息服务平台的建设要求,对水利地理数据元数据规范需做出一定的扩展。根据我们实际工作的需要,应对每个水利实体要素都建立元数据,即建成水利实体集元数据;基于实体集元数据构建数据集元数据和数据库集元数据。

因此,江苏省水利地理信息服务平台的元数据库建设的具体任务包括数据库的元数据、数据集的元数据以及水利实体要素的元数据 3 个层次。具体工作分为:①数据库元数据建设;②数据集元数据建设;③水利实体要素元数据建设。水利地理信息元数据建设按照《江苏省水利地理信息数据库元数据库建设规范》的规定执行。

7. 水利相关大比例尺地形数据处理

水利相关大比例尺地形图成果数据格式多样、坐标系不统一、成图比例尺不统一,因此,纳入江苏省水利地理信息服务平台中的数据需要进行数据空间参考及数据结构的统一加工处理,主要是规范数据的基础、数据分类组织方式等。

为了与省一级数据保持一致,水利相关大比例尺地形图统一采用 CGCS 2000 国家大地坐标系,高程系统统一采用 1985 国家高程基准,原高程基准的水利地形图数据予以保留。涉及的符号和相关线型,存储于数据库表中;涉及的图片信息等按照一定规则存储,同时建立对应字段,便于查询检索及与相关数据关联。

水利相关大比例尺地形图由于其多样性和使用范围的特定性,矢量数据应建立对应的空间数据类。数据组织结构参考《1∶500 1∶1000 1∶2000 基础地理信息要素数据字典》(GB/T 20258.1—2007)的要素类层划分。具体数据组织结构与基础数据组织一致,基础数据中无对应数据类的,应根据提供的地方数据来新增。

水利相关大比例尺地形图分层情况如表 4-2 所示。

表 4-2　水利相关大比例尺地形图分层表

序号	要素集	数据描述	数据层名
1	定位基础	测量控制点	CPTP
		测量控制点注记	CPTT
		辅助层	CPTLAP
2	水系	面状水系	HYDA
		线状水系	HYDL
		点状水系	HYDP
		水系注记	HYDT
		线状辅助层	HYDLAP
		点状辅助层	HYDPAP

序号	要素集	数据描述	数据层名
3	居民地	面状居民地及垣栅	RESA
		线状居民地及垣栅	RESL
		点状居民地及垣栅	RESP
		居民地注记	REST
		面状辅助层	RESAAP
		线状辅助层	RESLAP
		点状辅助层	RESPAP
4	工矿及公共设施和独立地物	面状工矿建(构)筑物及设施	INDA
		线状工矿建(构)筑物及设施	INDL
		点状工矿建(构)筑物及设施	INDP
		工矿建(构)筑物注记	INDT
		面状辅助层	INDAAP
		线状辅助层	INDLAP
		点状辅助层	INDPAP
5	交通及附属设施	面状交通	LRDA
		线状交通	LRDL
		点状交通	LRDP
		交通注记	LRDT
		面状辅助层	LRDAAP
		线状辅助层	LRDLAP
		点状辅助层	LRDPAP
6	管线及附属设施	面状管线及附属设施	PIPA
		线状管线及附属设施	PIPL
		点状管线及附属设施	PIPP
		管线注记	PIPT
		线状辅助层	PIPLAP
		点状辅助层	PIPPAP
7	境界与政区	境界面层	BOUA
		境界线层	BOUL
		境界要素点层	BOUP
		境界注记	BOUT

序号	要素集	数据描述	数据层名
8	地貌	面状地貌	TERA
		线状地貌	TERL
		点状地貌	TERP
		地貌注记	TERT
		线状辅助层	TERLAP
		点状辅助层	TERPAP
9	植被与土质	植被面层	VEGA
		植被线层	VEGL
		植被要素点层	VEGP
		植被注记	VEGT
		线状辅助层	VEGLAP
		点状辅助层	VEGPAP
10	断面	线状断面	DML
		点状断面	DMP
		辅助层	DMPAP
		断面高程点	DMGCD

8. 异构空间数据集成

水利地理信息服务平台需要支持异构空间数据的集成展示,异构空间数据集成采用两种模式,一是把异构数据按照平台的数据标准加工转换并集成到平台数据库中,二是把异构空间数据发布为标准 OGC 服务,采用服务聚合的形式集成。

异构空间数据集成是针对多种底层数据,并考虑到与平台相关的其他地理信息系统空间数据的集成。基于已有异构空间数据结构和空间数据集成的复杂程度,本项目异构数据集成采用数据格式转换模式。在该模式下,其他数据格式经专门的数据转换程序进行格式转换后,复制到当前系统的数据库或文件中,这也是目前 GIS 系统空间数据集成的主要方法。平台需要支持的异构空间数据格式有 AutoCAD、MapInfo 等软件常用格式。

异构空间数据服务是指不同软件平台发布的符合 OGC 标准的空间数据服务,平台需要支持标准 OGC 服务的聚合。

9. 水利地理信息数据脱密

平台建设分成 3 个网进行,水利地理信息数据也要基于不同网的要求做出调整,包括数据筛选和脱密等操作。

数据脱密工作主要针对 3 个网使用数据的限制要求,每个网的用户、使用要求、安全限制不同。对于公众版和水利专网,数据脱密处理涉及基础地理信息数据和水利地理信息数据。

地理信息脱密处理应按照国家针对地理信息脱密的相关规定,由专门机构(国家测绘地理信息局会授权的相关单位)完成,江苏省基础地理信息中心将配合省水利厅共同办理数据脱密处理的相关手续。

4.2.3 基础地理数据库建设

1. 省级数据分类分层设计

江苏省水利地理信息服务平台涉及的基础地理信息数据主要包括 DLG（数字线划图）、DOM（数字正射影像）、DEM（数字高程模型）和省级基础地理实体数据。其中，DLG、DEM 数据需要 1∶1 万、1∶5 万、1∶25 万 3 种国家基本比例尺数据，DOM 数据须包含 0.3 m 分辨率、2.5 m 分辨率两个版本数据；基础地理信息数据是服务于水利要素的底图数据，也是空间分析、业务应用的辅助数据。

江苏省水利地理信息服务平台的基础地理信息数据分类图如图 4-3 所示。

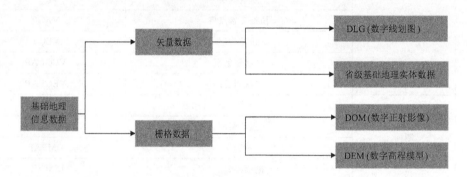

图 4-3 江苏省水利地理信息服务平台的基础地理信息数据分类图

（1）DLG 数据的分层、编码

1）DLG 数据的分层

DLG 的分层方式将依据基础数据信息使用的方式和使用效率进行部分细分调整，DLG 数据分为 11 个图层进行组织，全部基础地理信息 DLG 数据分层情况如表 4-3 所示（图层编码中最后一位 P、A、L 分别代表点状要素、面状要素、线状要素）。

表 4-3 数字线划图分层组织情况

序号	图层名	子类名称	图层编码
1	定位基础	控制点层	CPTP
2	水系	水系面层	HYDA
		水系线层	HYDL
		水系要素点层	HYDP
3	居民地	居民地面层	RESA
		居民地线层	RESL
		居民地要素点层	RESP
4	工矿及公共设施和独立地物	工矿面层	OTHA
		工矿线层	OTHL
		工矿要素点层	OTHP

序号	图层名	子类名称	图层编码
5	交通	交通面层	LRDA
		交通线层	LRDL
		交通要素点层	LRDP
6	桥闸及其他	桥闸面层	BRIA
		桥闸线层	BRIL
		桥闸要素点层	BRIP
7	管线	管线线层	PIPL
		管线点层	PIPP
8	境界与政区	境界面层	BOUA
		境界线层	BOUL
		境界要素点层	BOUP
		特殊境界面层	BRGA
		特殊境界线层	BRGL
9	地貌	等高线层	TERL
		高程点层	TERP
10	植被与土质	植被面层	VEGA
		植被线层	VEGL
		植被要素点层	VEGP
11	地名及注记	注记辅助线层	AGNL
		注记点层	AGNP

　　说明:水系、工矿及公共设施和独立地物、桥闸及其他图层的全部或部分要素,作为水利地理信息要素整理的参考。

　　2)DLG 分类编码原则

　　基础地理信息中的 DLG 数据,依照江苏省 1:1 万基础地理信息的原始编码执行。

　　3)DLG 分类编码

　　基础地理信息分类代码采用 7 位十进制数字码,分别为按数字顺序排列的大类、中类、小类、子类、图形码,具体代码结构如下:

　　①左起第一位为大类码;

　　②左起第二位为中类码,在大类基础上细分形成的要素类;

　　③左起第三、四位为小类码,在中类基础上细分形成的要素类;

　　④左起第五、六位为子类码,为小类码的进一步细分;

　　⑤左起第七位为要素图形码。具体含义为:0——无扩展图形码要素,1——对应要素的边线(实线),2——对应要素的边线(虚线),3——图上宽度为 0.15 mm 的要素,4——图上宽度

为 0.20 mm 的要素,5——图上宽度为 0.50 mm 的要素,6——图上宽度为 0.80 mm 的要素,7——图上宽度为 0.90 mm 的要素,8——图上宽度为 1.20 mm 的要素。

    (2)矢量底图数据的分层分类设计

矢量底图数据按大类分为境界、政区、道路、铁路、水系、居民地及工矿设施、植被、地名地址(包括 POI)等,本书首先将矢量底图数据进行分类处理,对每类数据赋特定的分层编码和类型码,用于后续电子地图数据组织与处理。其次,根据电子地图制作规程,将矢量底图数据按比例尺进行切片组织,共计分为 18 级,显示比例尺范围 1∶564～1∶7396 万。根据不同比例尺下屏幕图面元素负载量及矢量底图元素的重要性等条件,将每级比例尺下显示的底图元素内容进行分类分层组织。

矢量底图数据分类情况与唯一编码如表 4-4 所示。

表 4-4　矢量底图数据分类情况与唯一编码

序号	大类	分层编码	几何类型	主要要素
1	境界	BOU	线	包含国界、省界、地级市界、县级界、国有农场界、国有林场界、自然保护区界、开发区界、特殊地区界等境界
2	政区	PRO	面	省级政区、地市政区、县级政区、开发区、农林渔牧区、自然保护区
3	道路	ROA	线	外省道路、高速、国道、省道、县道、乡道、专用公路、其他公路、轨道交通、快速路、引道、高架公路架空部、主干道、次干道、支线、城市其他路、内部道路、阶梯路、机耕路(大车路)、乡村路、小路、时令路、无定路等
4	铁路	RIA	线	单线铁路、复线铁路、窄轨铁路
5	水系	HYD	线、面	河流、运河、溢洪道、渠、湖、塘、水库、岛、洲、滩、池
6	居民地及工矿设施	RES	面、线	街区、单幢房屋、普通房屋、简单房屋、突出房屋、高层建筑区、高层建筑、棚房、破坏房屋、架空房、盐田、盐场、水产养殖场、露天体育场、高尔夫球场;体育馆、露天舞台、观礼台、古迹、遗址、宝塔、经塔、城墙
7	植被	VEG	面	林地、草地、城市绿地
8	地名地址	POI	点	各类 POI 点

矢量底图数据按比例尺分层分级组织情况如表 4-5 所示。

表 4-5　矢量底图数据按比例尺分层分级组织情况

序号	比例尺	区域	数据层	说明	要素表达内容
1	1∶73957338.86	省外	BOULN	境界(线)	国界线
			HYDPL	水系(面)	海洋、长江、黄河
			COUPL	政区(面)	中国及周边国家行政区
			CAPPT	首都(点)	中国首都
2	1∶36978669.43	省外	BOULN	境界(线)	国界线、省界线
			HYDPL	水系(面)	海洋、全国一级水系及抽取的部分二级水系

续表

序号	比例尺	区域	数据层	说明	要素表达内容
2	1：36978669.43	省外	COUPL	政区（面）	中国及周边国家行政区
			CAPPT	首都（点）	中国首都
			PROPL	省级政区（面）	省级政区面
3	1：18489334.72	省外	BOULN	境界（线）	国界线、省界线
			COUPL	政区（面）	中国及周边国家行政区
			PROPL	省级政区（面）	省级政区面
			CAPPT	首都（点）	中国及周边国家首都
			HYDPL	水系（面）	海洋、一级水系、二级水系、抽取的部分三级和四级水系
		省内	POI	兴趣点	省会
4	1：9244667.36	省外	BOULN	境界（线）	国界线、省界线
			COUPL	政区（面）	中国及周边国家行政区
			PROPL	省级政区（面）	省级政区面
			CAPPT	首都（点）	中国及周边国家首都
			HYDPL	水系（面）	海洋、一级水系、二级水系、抽取的部分三级和四级水系
			POI	兴趣点	省会
		省内	POI	兴趣点	省会
5	1：4622333.68	省外	BOULN	境界（线）	国界线、省界线
			POI	兴趣点	省会
			PROPL	省级政区（面）	省级政区面
			HYDPL	水系（面）	海洋、一级水系、二级水系、抽取的部分三级和四级水系
			POI	兴趣点	地级市
		省内	POI	兴趣点	地级市
			BOULN	境界（线）	海岸线、省界线、地市界线
6	1：2311166.84	省外	BOULN	境界（线）	国界线、省界线、地市界线
			POI	兴趣点	地级市
			PROPL	省级政区（面）	省级政区面
			HYDPL	水系（面）	海洋、一级水系、二级水系、三级水系、抽取的部分四级水系
			POI	兴趣点	地级市
		省内	BOULN	境界（线）	海岸线、省界线、地市界线
			VEGPL	植被（面）	成林、草地、人工绿地、花圃花坛、绿化带等

序号	比例尺	区域	数据层	说明	要素表达内容
7	1∶1155583.42	省外	BOULN	境界（线）	国界线、省界线、地市界线、县市区界线
			POI	兴趣点	地级市、区县
			PROPL	省级政区（面）	省级政区面
			HYDPL	水系（面）	海洋、一级水系、二级水系、三级水系、抽取的部分四级水系
		省内	PROPL	省级政区（面）	省级政区面
			POI	兴趣点	地级市、区县
			BOULN	境界（线）	海岸线、省界线、地市界线、县市区界线
			VEGPL	植被（面）	成林、草地、人工绿地、花圃花坛、绿化带等
8	1∶577791.71	省外	BOULN	境界（线）	国界线、省界线、地市界线、县市区界线
			POI	兴趣点	地级市、区县
			PROPL	省级政区（面）	省级政区面
			HYDPL	水系（面）	海洋、一级水系、二级水系、三级水系、抽取的部分四级水系
		省内	POI	兴趣点	地级市、区县、乡镇
			BOULN	境界（线）	海岸线、省界线、地市界线、县市区界线、乡级行政区界线
			PROPL	省级政区（面）	省级政区面
			VEGPL	植被（面）	成林、草地、人工绿地、花圃花坛、绿化带等
9	1∶288895.85	省外	BOULN	境界（线）	国界线、省界线、地市界线、县市区界线
			POI	兴趣点	地级市、区县
			PROPL	省级政区（面）	省级政区面
			HYDPL	水系（面）	海洋、一级水系、二级水系、三级水系、四级水系
		省内	POI	兴趣点	地级市、区县、乡镇
			BOULN	境界（线）	海岸线、省界线、地市界线、县市区界线、乡级行政区界线
			PROPL	省级政区（面）	省级政区面
			VEGPL	植被（面）	成林、草地、人工绿地、花圃花坛、绿化带等
10	1∶144447.93	省外	BOULN	境界（线）	省界线、地市界线、县市区界线
			POI	兴趣点	地级市、区县、乡镇
			PROPL	省级政区（面）	省级政区面
			HYDPL	水系（面）	海洋、一级水系、二级水系、三级水系、四级水系
		省内	POI	兴趣点	地级市、区县、乡镇以及抽取的部分机场、学校、餐馆、政府机关、医院等各类兴趣点

序号	比例尺	区域	数据层	说明	要素表达内容
10	1∶144447.93	省内	BOULN	境界（线）	海岸线、省界线、地市界线、县市区界线、乡级行政区界线
			PROPL	省级政区（面）	省级政区面
			VEGPL	植被（面）	成林、草地、人工绿地、花圃花坛、绿化带等
11	1∶72223.96	省外	BOULN	境界（线）	省界线、地市界线、县市区界线
			POI	兴趣点	地级市、区县、乡镇、村
			PROPL	省级政区（面）	省级政区面
			HYDPL	水系（面）	海洋、一级水系、二级水系、三级水系、四级水系
		省内	POI	兴趣点	地级市、区县、乡镇、村以及抽取的部分机场、学校、餐馆、政府机关、医院等
			BOULN	境界（线）	海岸线、省界线、地市界线、县市区界线、乡级行政区界线
			PROPL	省级政区（面）	省级政区面
			VEGPL	植被（面）	成林、草地、人工绿地、花圃花坛、绿化带等
12	1∶36111.98	省外	BOULN	境界（线）	省界线、地市界线、县市区界线
			POI	兴趣点	地级市、区县、乡镇、村
			PROPL	省级政区（面）	省级政区面
			HYDPL	水系（面）	海洋、一级水系、二级水系、三级水系、四级水系
		省内	POI	兴趣点	地级市、区县、乡镇、村以及抽取的部分机场、学校、餐馆、政府机关、医院等各类兴趣点
			BOULN	境界（线）	海岸线、省界线、地市界线、县市区界线、乡级行政区界线
			PROPL	省级政区（面）	省级政区面
			VEGPL	植被（面）	成林、草地、人工绿地、花圃花坛、绿化带等
13	1∶18055.99～1∶4514.00	省外	BOULN	境界（线）	省界线、地市界线、县市区界线
			POI	兴趣点	地级市、区县、乡镇、村
			PROPL	省级政区（面）	省级政区面
			HYDPL	水系（面）	海洋、一级水系、二级水系、三级水系、四级水系
		省内	POI	兴趣点	地级市、区县、乡镇、村以及抽取的部分机场、学校、餐馆、政府机关、医院等各类兴趣点

序号	比例尺	区域	数据层	说明	要素表达内容
13	1：18055.99～ 1：4514.00	省内	HYDPL	水系（面）	地面河流、地面干渠、湖泊、池塘、水库、时令河等
			HYDLN	水系（线）	河流、支渠等
			RESPL	居民地（面）	单幢房屋、普通房屋、简单房屋、突出房屋、高层建筑区、高层建筑、棚房、破坏房屋、架空房等
			BOULN	境界（线）	海岸线、省界线、地市界线、县市区界线、乡级行政区界线
			PROPL	省级政区（面）	省级政区面
			VEGPL	植被（面）	成林、草地、人工绿地、花圃花坛、绿化带等
			RFCLN	工矿及其他设施（线）	砖石城墙、长城
14	1：2257.00～1：564.25	省内	HYDPL	水系（面）	海洋、河流、运河、溢洪道、渠、湖、塘、水库、岛、洲、滩、贮水池、水窖
			HYDLN	水系（线）	河流、支渠等
			RESPL	居民地（面）	单幢房屋、普通房屋、简单房屋、突出房屋、高层建筑区、高层建筑、棚房、破坏房屋、架空房等
			POI	兴趣点	地级市、区县、乡镇、村以及抽取的部分机场、学校、餐馆、政府机关、医院等各类兴趣点
			BOULN	境界（线）	海岸线、省界线、地市界线、县市区界线、乡级行政区界线
			PROPL	省级政区（面）	省级政区面
			RFCLN	工矿及其他设施（线）	砖石城墙、长城
			VEGPL	植被（面）	成林、草地、人工绿地、花圃花坛、绿化带等

（3）影像数据的分类

基础地理信息的栅格数据按其实际使用效果，可依据地面分辨率、色彩、格网间距等进行细分。如地面分辨率为 0.2 m、0.5 m、0.61 m、1.0 m、2.5 m 等，全色（黑白）、假彩色（一般为卫星影像）、真彩色（一般为航摄影像）等，如：0.5 m 真彩 DOM、0.2 m 黑白 DOM、25 m DEM 等。

本书使用的影像数据主要包含分辨率 0.3 m 的航摄影像数据和分辨率 2.5 m 的卫星影像数据。其中，0.3 m 航摄影像数据全省覆盖，时效性为截至 2012 年 4 月，影像切片数据的显示比例尺范围在 1：564～1：36111 万；2.5 m 影像数据全省覆盖，拍摄时间为 2009—2011年，影像切片数据的显示比例尺范围在 1：72223～1：3698 万。

2. 电子地图数据处理

(1)已有数据条件

主要收集和使用的数据情况如下。

①基础测绘矢量数据集。主要包含境界、政区、道路、铁路、水系、居民地、植被、地名地址(包括 POI)等数据。

②水利专题水系数据。江苏省水利电子底图中水系数据的江苏省区域部分,都是使用与水利专题数据融合后的基础测绘矢量数据集制作的。

③2011 年全国 1∶25 万矢量数据。收集了全国范围的境界线、高速、国(省)道、其他道路、铁路、一至四级水系、省会驻地、地市驻地、县区驻地、乡镇驻地、村(居)委会、中国附近国家国界线及首都点等数据。使用与基础测绘矢量数据集融合后的全国 1∶25 万矢量数据集来制作江苏省水利电子底图中的全国其他省份区域的矢量背景数据、矢量背景注记、影像背景注记。

④全省影像数据集。包括江苏省分辨率 0.3 m 的航摄影像数据和分辨率 2.5 m 的卫星影像数据。

⑤全省 5 m 分辨率的 DEM 数据。

⑥其他资料。包括江苏水利地图集,1∶3000 万、1∶2000 万、1∶900 万、1∶400 万的全国水系图等资料。

(2)数据的加工、整理

江苏水利电子底图数据整合的主要工作如下。

①江苏省区域矢量背景数据与专题数据的融合。

②多区域矢量背景数据融合。对收集的周边国家矢量背景数据、外省矢量背景数据、江苏省区域矢量背景数据进行融合。完成省外区域地理底图数据与江苏省地理底图数据要素之间的接边;处理附近国家与我国国界线之间的接边等。通过数据整合,形成一套系统且完整的从国到省、从省到局部的数据体系。较粗略的省外区域数据在中小比例尺下可为读图者提供江苏省周边地区的骨干水系分布情况,更精确、更完整、更细致的省内区域数据在中大比例尺下提供更详细的水系分布信息,从而改善区域数据给以往水利电子底图带来的局限性,并提升用户体验。

③影像数据、基础地形数据的处理。通过建立镶嵌数据集的方法拼接全省影像,并处理影像的黑边、白边,影像整体应色调均匀、反差适中、色彩平衡、无明显偏色、无明显失真;基础地形数据应能真实反映江苏地形地貌,数据接边平缓,无明显噪点。

3. 基础地理信息数据组织

空间数据的组织采用空间分层、平面分块的分类原则。平台基础地理信息数据包括矢量数据和栅格数据,基础地理信息数据均采用关系型数据库进行管理,所有地理信息均采用 GeoDatabase 存储。

基础地理信息的数据组织方式可参考省地理信息数据库、国家基础地理信息数据分层规定,结合水利地理信息数据使用情况进行适量调整。

省基础地理信息数据库(DLG)按照基础测绘的数据组织方式,大多采用地理要素集(定位基础、水系、居民地、工矿及公共设施和独立地物、交通、桥闸及其他、管线、境界与政区、地貌、植被与土质、地名及注记等)结合点、线、面的几何特征及注记进行分层,要素的具体分类在分类代码中体现,在水利地理信息系统中,应依据要素集、分类代码将基础地理信息的数据层进行进一步细分。

基础地理信息中的栅格数据主要包括 DEM 和 DOM 两类。DOM 数据按照地面分辨率、采集平台、色彩等可以包括航摄影像(真彩、黑白,1∶1 万、1∶5000 等)、卫星影像(全色、多光谱,SPOT、IKONOS、Landsat 等)。

基础地理信息中 DLG 的属性数据较少,因此,采用 GeoDatabase 数据存储时,属性数据与空间数据是存储在一个数据表中的。同时,基础地理信息的数据量大,尤其是 DOM 数据,为了保证使用效率,应采用切片技术。

4. 数据脱密

由于本研究项目所涉及数据均达到秘密级,根据保密法要求,凡公开发布的测绘与地理信息成果均须到测绘主管部门登记审核,经测绘主管部门审核后,由测绘主管部门指定的测绘技术单位进行数据脱密处理,降低空间精度,形成可在非涉密环境中使用的公开数据。

(1)涉密信息处理

按照《基础地理信息公开表示内容的规定(试行)》《公开地图内容表示若干规定》《公开地图内容表示补充规定(试行)》,对整合处理之后的线划电子地图数据内容进行处理,删除涉密信息内容。

①查找并删除指挥机关、地面和地下的指挥工程、作战工程,军用机场、港口、码头,营区、训练场、试验场,军用洞库、仓库,军用通信、侦察、导航、观测台站和测量、助航标志,军用道路、铁路专用线,军用通信、输电线路,军用输油、输水管道等直接服务于军事目的的各种军事设施及其标注信息。

②查找并删除军事禁区、军事管理区及其内部的所有单位与设施及标注信息。

③查找并删除武器弹药、爆炸物品、剧毒物品、危险化学品、铀矿床和放射性物品的集中存放地等与公共安全相关的设施及标注信息。

④查找并删除专用铁路及站内火车线路、铁路编组站,专用公路及标注信息。

⑤查找并删除未公开的机场及标注信息。

⑥查找并删除国家法律法规、相关规章禁止公开的其他内容及标注。

⑦查找并删除大型水利设施、电力设施、通信设施、石油和燃气设施、重要战略物资储备库、气象台站、降雨雷达站和水文观测站(网)等涉及国家经济命脉,对人民生产、生活有重大影响的民用设施及标注。

⑧查找并删除监狱、劳动教养所、看守所、拘留所、强制隔离戒毒所、救助管理站和安康医院等与公共安全相关的单位及标注。

⑨查找并删除公开机场的内部结构及运输能力属性的标注。

⑩查找并删除渡口的内部结构及属性标注。

⑪查找并删除重要桥梁的限高、限宽、净空、载重量和坡度属性的标注,重要隧道的高度和宽度属性的标注,公路的路面铺设材料的属性标注。

⑫查找并删除江河的通航能力、水深、流速、底质和岸质属性标注,水库的库容属性标注,拦水坝的构筑材料和高度属性,水源的性质属性及沼泽的水深和泥深属性标注。

⑬查找并删除高压电线、通信线、管线及其属性标注。

⑭查找并删除未对外挂牌的公安机关及标注；查找并删除未经批准公开招生的军队院校及标注；查找并删除未挂牌并对外服务的军队医院及标注；查找并删除未成为公共标志性建筑的电视发射塔及标注。

⑮查找并删除各级国家安全机关及标注信息。

（2）坐标转换与变形

经整合处理之后的线划电子地图，数据坐标系统须统一转换为2000国家大地坐标系统。由于需要进行外网发布，须经过脱密变形处理，降低平面位置精度。

4.2.4 电子地图制作

平台建设分成3个网进行，包括Internet、水利专网、内网，对应平台电子地图建设与其一致。其中，Internet、水利专网建设包括桌面版电子地图和移动版电子地图两类；内网只建设桌面版电子地图。两者在总体上都包括电子地图数据组织、电子地图可视化表达以及网络电子地图实现3部分。

本节讨论的数据分层、编码及空间数据处理、数据组织等一系列操作和处理的结果，不仅是平台数据库建设的数据来源，同时也是电子地图制作的数据源。将这些数据加工为制图数据是电子地图制作的基础。制图数据的处理包括调整图层结构、生产要素注记、设置分级显示等主要工序。

因平台建设分成3个网进行，根据每个网的用户、使用要求、安全限制不同，相应电子地图的数据也要基于不同网的要求做出调整，包括数据筛选和脱密等操作。同时由于电子地图打破了传统纸质地图对比例尺的限制，电子地图需要分级显示不同的地物对象，在地图数据组织中应根据图面负载和地物的重要程度，合理划分显示等级。

1. 电子地图可视化表达

根据所需编制地图的主题，选择对应专题要素，设计不同比例尺范围，分等级定制地物符号。可视化表达是在确定使用地物要素的基础上，设置地物对象符号和显示范围。在电子地图可视化表达中要根据地物特征设置合适的地物符号及符号大小，具体参考《水利地理信息图形标示规范（修订）》进行。

电子地图可视化涉及基础数据可视化、专题数据可视化、可视化扩展等主要工序，均按照用途、使用者、使用范围做相应表达。

2. 网络电子地图实现

网络电子地图包括静态网络电子地图生产、动态网络电子地图生产等。它是在电子地图可视化表达之后进行的，与服务接口系统联系紧密。其中，静态电子地图一般作为底图数据，是所有专题显示数据的基础，在地图表达的基础上，进行数据切片处理，成为地理地图。静态电子地图的实现是为了提高数据传输效率，保证专题要素有对应合理的参照，是作为一种通用性地图。动态电子地图的实现是平台功能服务实现的重要基础，根据功能需要和显示需要，设计表达空间地物对象并发布地图服务。动态电子地图与空间地物查询、分析有密切联系。

3. 电子地图缓存制作

电子地图配图完成后，为了提高用户在客户端浏览的速度与地图访问性能，还需要对发布的地图服务创建地图缓存，最终提供瓦片地图服务。平台涉及的瓦片数据的切片方案一致采用天地图切片方案,瓦片数据遵从国家测绘地理信息局发布的《地理信息公共服务平台电子地图数据规范》。

(1)瓦片规则

①电子地图瓦片起始点从西经 180°,北纬 90°开始,向东向南行列递增。

②为兼顾桌面及移动端应用,地图瓦片大小统一采用 256 像素×256 像素。

(2)瓦片数据格式

地图瓦片数据格式采用 PNG 或者 JPG。在 ArcGIS Server 中缓存瓦片文件格式有:PNG8、PNG24、PNG32、JPEG 以及 MIXED。水利平台发布服务切片,采用如下方案,从而减小单张切片的大小,提高客户端访问的速度和性能。

矢量地图服务:采用 PNG24 格式。

影像注记服务:采用 PNG24 格式,DATAFRAME 背景设为深色,以防标注周围出现白边。

影像地图服务:若无须接其他服务可采用 JPEG 格式,压缩比控制在 70~75,使图片大小控制在 30 KB 以内;如要接其他服务(如天地图),须采用 MIXED 格式。

(3)金字塔规则

按照规定的比例尺分级规则对地图进行合理分级,各级的显示比例(即瓦片的地面分辨率)固定,以保证良好的显示效果。显示比例计算方法如下:

显示比例尺=1:地面分辨率×屏幕分辨率/(0.0254 m/in)

其中,

地面分辨率=[cos(纬度×pi/180)×2×pi×地球长半径(m)]/(256×2 level 像素)

式中,地球长半径取 2000 国家大地坐标系规定参数,为 6378137 m;Level 表示比例尺的级别,最小为 0;屏幕分辨率取值为 96 dpi。

由此确定各级瓦片显示比例尺如表 4-6 所示。总的原则如下:以全国范围为基准,将电子地图划分为 20 级,每一级对应相应比例尺,各级间按 2 的幂数设定比例尺差。

国家形成 L1~L14 级配图(对应比例尺 1:295829355.45~1:36111.98);省一级形成 L15~L17(对应比例尺 1:18055.99~1:4514.00);市县级形成 L18~L20(对应比例尺 1:2257.00~1:564.25)。

表 4-6　地图分级表

级别	地面分辨率(m/像素)	显示比例尺	数据源比例尺
1	78271.5170	1:295829355.45	1:100 万
2	39135.7585	1:147914677.73	1:100 万
3	19567.8792	1:73957338.86	1:100 万
4	9783.9396	1:36978669.43	1:100 万
5	4891.9698	1:18489334.72	1:100 万
6	2445.9849	1:9244667.36	1:100 万
7	1222.9925	1:4622333.68	1:100 万
8	611.4962	1:2311166.84	1:100 万
9	305.7481	1:1155583.42	1:100 万

级别	地面分辨率(m/像素)	显示比例尺	数据源比例尺
10	152.8741	1∶577791.71	1∶1000000
11	76.4370	1∶288895.85	1∶250000
12	38.2185	1∶144447.93	1∶250000
13	19.1093	1∶72223.96	1∶50000
14	9.5546	1∶36111.98	1∶50000
15	4.7773	1∶18055.99	1∶10000
16	2.3887	1∶9028.00	1∶10000
17	1.1943	1∶4514.00	1∶5000 或 1∶10000
18	0.5972	1∶2257.00	1∶2000 或 1∶1000
19	0.2986	1∶1128.50	1∶1000 或 1∶2000
20	0.1493	1∶564.25	1∶500 或 1∶1000

（4）其他属性

抗锯齿功能：应用于地图服务以得到高质量的线和标注外观，但使用该功能，会延长创建缓存的时间。

存储设置：两种存储方式，分别为松散缓存与紧凑型缓存。默认为紧凑型缓存，优点是迁移方便、创建更快、减少存储空间等。

4.2.5　三维数据库建设

1. 三维数据的分类规则

三维数据包括地形数据和三维模型数据。其中，三维地形数据采用江苏全省 0.3 m 分辨率 DOM 数据和全省 100 m 格网 DEM。三维模型数据采用已有的三维模型，具体包括"省水利地理信息系统（一期）"项目建设完成的望虞河、走马塘沿线以及江都枢纽的相关水工建筑物及景观，其分类规则遵循以前的规则。

三维数据处理。三维地形数据（地形场景）的主要任务是将影像数据与数字高程数据进行叠加，整合生成能够真实反映地形起伏、地貌特征的场景数据库文件。此步骤通过 Skyline 公司的 TerraBuilder 软件完成，一般包括以下内容：

①预处理。所有影像和数字高程模型处理成 TerraBuilder 支持的格式；

②导入。按区域进行导入；

③裁切。在每幅影像的边界处进行适当裁切，删除白边和无数据的部分；

④融合。每处边界处进行融合，消除影像色差；

⑤设置显示比例尺。根据影像分辨率设置相应的显示比例尺。

已有"省水利地理信息系统（一期）"项目中的三维模型成果不再进行处理，其他新添加的模型须按照《江苏省水利地理信息服务平台三维数据规范》进行生产。

2. 三维数据的数据组织

三维数据的地形数据以原始 *.img 的格式进行存储，调用时通过直联模块以流模式进行读取。

已有的模型数据以文件型数据库(∗.xpl2)进行存储,新添加的模型数据根据具体需求以∗.x;∗.xpl;∗.xpl2、∗.dae、∗.3ds 格式进行存储。

4.2.6 河景影像数据库建设

1. 河景影像的分类规则

河景影像数据由以下成果组成:

①360 度全景切片数据:全景切片成果包括全景影像切片文件、全景切片属性信息表;

②路网索引数据;

③三维面片数据;

④深度图数据:深度图文件中的点和全景图片像素点一一对应;

⑤POI 及属性数据:包括文字、图片 POI 及属性信息。

2. 河景影像的外业采集

河景影像数据通过船载移动测绘系统进行采集。外业采集主要是根据规划的行船线路进行外业数据采集,获取原始数据包括原始点云、全景影像、绝对坐标和姿态数据。外业采集作业流程如图 4-4 所示。

具体分为 6 个阶段,分别为前期准备阶段、设备安装阶段、数据预采集阶段、数据采集阶段、设备卸载阶段以及数据整理阶段。

(1)河景影像的内业数据处理

河景影像的内业数据处理主要包括影像拼接、数据融合、河景影像生产和发布 4 个步骤。

①首先通过 hdPanoFactory 软件将每一个站点的全景影像进行拼接。

②通过数据融合软件将 iScan 获取的原始数据和全景影像进行融合解算处理,并通过 HD_3LS_Scene 软件对配准进行优化,输出带坐标的点云以及和点云配准了的河景影像(影像点云)。

③河景影像数据生产主要通过三维实景数据生产软件(HD ptCloud StreetView)进行深度图、三维面片数据的制作,并将处理后的成果数据按轨迹工程目录方式导出。

④将河景影像成果通过发布工具 HD MapCloud Server 进行发布。

(2)河景影像的数据组织

河景影像数据通过入库的方式在 Oracle 数据库中进行存储,生成河景影像索引信息表、切片数据表、深度图数据表、面片关联表、测站面片关联表、标注属性表、标注关联表以及标注符号表等。

4.2.7 示范市(县)平台数据建设

1. 南京市服务平台数据处理

南京市水利部门已经开展了南京市第一次全国水利普查工作,开展镇(街道)及以上水利管理部门管理的水利地理空间信息的采集和整理工作,现已建立包含水利公共类、水利工程、农村水利、防汛抗旱、水资源、经济社会用水等 7 大类 58 小类的水利地理空间数据库。制作了秦淮河、滁河、长江中下游、青弋江一水阳江四大流域图。建立了水利工程、水利普查、水利规划等属性数据库。在相关的数据库基础上发布了 ArcGIS Server 的地理空间数据服务。

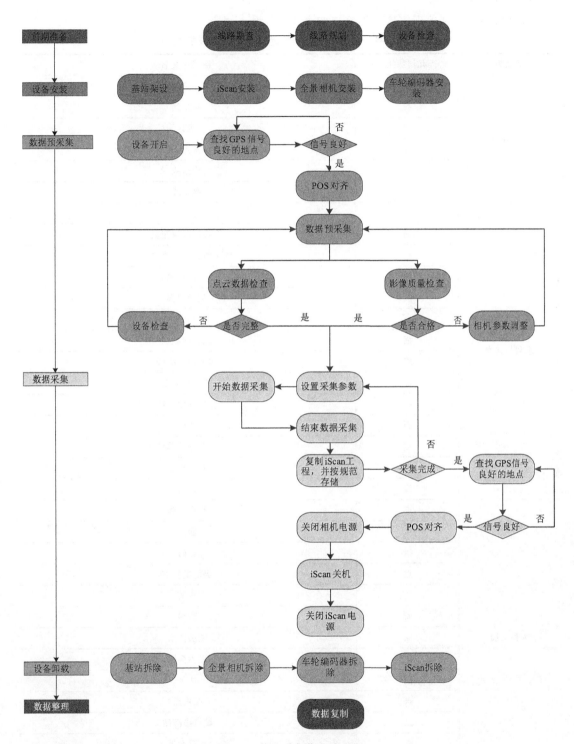

图 4-4　外业采集作业流程图

（1）数据分层

南京市现有水利地理信息数据分层如表 4-7 所示。

表 4-7　南京市现有水利地理信息数据分层表

数据集	几何特征	图层中文名
农村水利	面	渠道面
	线	渠道线
	面	灌区
	面	沟道面
	线	沟道线
	线	翻水线
水利公共类	面	滩地
	面	市级拓展河流面
	线	市级拓展河流线
	面	河道堤防行政分片
	面	流域边界
	面	湖泊
	面	国普河流面
	线	国普河中心线
	面	拓展河流面
	线	拓展河中心线
	面	水库
	点	水利行政单位
	点	水利管理单位
	线	码头
水利工程	点	组合工程
	线	涵闸
	线	堤防
	点	堤防里程桩
	线	渡槽
	面	塘坝
	面	撇洪沟面
	线	撇洪沟线
	面	圩区
	点	泵站点
	点	城市排涝站
	线	水库大坝
	点	农村供水工程

数据集	几何特征	图层中文名
水文	点	水文站
	点	遥测水库站
	点	遥测水位站
	点	遥测雨量站
水资源	点	入河排污口
	点	地表水水源地点
	点	地下水取水口
	点	地表水取水口
	面	水功能区
	面	水资源分区
经济社会用水	点	规模化畜禽养殖场
	点	规模以上用水户
	点	公共供水企业
防汛抗旱	面	易旱区
	点	防汛抗旱指挥部
	点	防汛物资仓库
	点	防汛积石
	面	蓄滞洪区
	面	小流域
地形数据	点	2010 长江水下地形等高点
	栅格	2010 长江水下地形 DEM
行政区划	面	开发区

（2）ArcGIS Server 的地理空间数据服务列表

ArcGIS Server 的地理空间数据服务列表如表 4-8 所示。南京市现有的水利地理数据坐标系统与省平台完全一致，已经发布成 ArcGIS Server 服务。按照示范市县平台设计要求，南京市服务平台需要将现有服务注册到南京市服务平台，无须进行数据加工处理。

表 4-8　ArcGIS Server 的地理空间数据服务列表

数据集	服务类型	服务名称
水利地理信息服务	ArcGIS Map services	水利工程
	ArcGIS Map services	水利公共类
	ArcGIS Map services	农村水利
	ArcGIS Map services	防汛抗旱
	ArcGIS Map services	水文
	ArcGIS Map services	水资源
	ArcGIS Map services	经济社会用水

数据集	服务类型	服务名称
基础地理信息服务	ArcGIS Map services	长江中下游流域图
	ArcGIS Map services	秦淮河流域图
	ArcGIS Map services	滁河流域图
	ArcGIS Map services	青弋江水阳江流域图
	ArcGIS Map services	长江水下地形 DEM
	ArcGIS Map services	长江水下地形等高点
	ArcGIS Map services	开发区

2. 江阴市服务平台数据处理

江阴市水利部门经过多年信息化建设,现已拥有河道管理、水利工程、防汛防旱、水资源 4 大类的水利地理空间数据,涵盖了江阴市 58 条主要河道,877 条一般河道,80 个圩区、闸、泵、防汛物资仓库等水利信息。

(1)现有数据分层

江阴市现有水利地理信息数据分层如表 4-9 所示。

表 4-9　江阴市现有水利地理信息数据分层表

数据集	几何特征	图层中文名
河道管理	面	长江(江阴段)
	面	主要河网
	面	一般河网
水利工程	点	排涝站
	点	灌溉站
	面	圩区
水资源	点	取水企业
	点	地下水位监测井
	点	水质监测点
防汛防旱	点	闸站
	点	泵站
	点	江阴气象预报点
	点	物资仓库

(2)数据分类

依据省平台的相关标准和要求,按照江阴市水利要素空间关系及逻辑层级关系,将江阴现有数据按"数据集""数据类"进行组织。水利地理信息分类方法按照《江苏省水利专题地理信息分类规范(修订)》进行。

(3)数据加工处理

按照省平台的相关数据标准,在水利专网中将江阴市现有数据进行数学基础的统一,由现有的坐标系转换到省平台要求的坐标系。

　　空间数据加工处理过程中保留现有数据图层上的所有属性,对数据重新编码,数据编码时按照《江苏省水利工程代码编制规定(修订)》要求逐层编写水利要素代码。

　　(4)数据分层

　　江阴市服务平台全部继承省平台图层结构,对江阴数据分层与省平台数据分层进行对比,江阴市独有的图层需要新增,新增的图层结构符合省平台的数据要求。

　　江阴市水利地理信息数据分层如表 4-10 所示。

表 4-10　江阴市水利地理信息数据分层表

数据集	序号	描述	层名	几何特征
1. 水利公共类	1	流域分区	H_PUB_REG	面
	2	河流	H_PUB_RVA/ H_PUB_RVL	面/线
	3	湖泊	H_PUB_LAKE	面
	4	水库	H_PUB_RS	面
	5	滩涂	H_PUB_BA	面
	6	湿地	H_PUB_MR	面
	7	水利行政单位	H_PUB_SV	点
	8	水利管理单位	H_PUB_MU	点
	9	水系逻辑层	H_PUB_LOG	线
	10	长江江阴段	H_PUB_CHJYD	面
	11	主要河网	H_PUB_ZYRV	面
	12	一般河网	H_PUB_YBRV	面
2. 水利工程	13	堤防	H_IND_DK	线
	14	堤防里程桩	H_IND_DKM	点
	15	海堤	H_IND_SWCDNM	线
	16	海堤里程桩	H_IND_SWCDNMM	点
	17	水闸工程	H_IND_CLSLENP/ H_IND_CLSLENL/ H_IND_CLSLENA	点/线/面
	18	泵站工程	H_IND_PUMPP/ H_IND_PUMPA	线/面
	19	跨河工程	H_IND_STRVPRA/ H_IND_ STRVPRL	面/线
	20	穿堤建筑物	H_IND_PLBNCNA/ H_IND_PLBNCNL	面/线
	21	治河工程	H_IND_CNRVPRA/ H_IND_CNRVPRL/ H_IND_CNRVPRP	面/线/点
	22	圩区	H_IND_ POLDER	面

续表

数据集	序号	描述	层名	几何特征
2.水利工程	23	水库大坝	H_IND_DAM	线
	24	水电站工程	H_IND_POWER	点
	25	引调水工程	H_IND_TR	线
	26	农村供水工程	H_IND_CWS	点
	27	组合工程	H_IND_IE	点
	28	排涝站	H_IND_PLZ	点
	29	灌溉站	H_IND_GGZ	点
3.防汛抗旱	30	蓄滞洪区	H_FCD_HSGFS	面
	31	易涝区	H_FCD_EWS	面
	32	易旱区	H_FCD_EDS	面
	33	防汛物资仓库	H_FCD_FMW	点
	34	江阴气象预报点	H_FCD_QXYBP	点
4.农村水利	35	灌区	H_RWT_IRSC	面
	36	翻水线	H_RWT_WATERLINE	线
	37	沟渠	H_RWT_DITCH	线
5.水利规划专题	38	水利规划专题	H_WTP_HYP/ H_WTP_HYL/ H_WTP_HYA	点/线/面
6.水文	39	水文管理机构	H_HYD_HDM	点
	40	水文站	H_HYD_HDP	点
	41	水位站	H_ HYD_WTP	点
	42	墒情站	H_ HYD_EAP	点
	43	泥沙站	H_ HYD_SSP	点
	44	降水量测站	H_ HYD_PMP	点
	45	水质站	H_ HYD_WQP	点
	46	辅助站	H_ HYD_ASP	点
	47	自记水位台	H_ HYD_AWLP	点
	48	水准点	H_ HYD_BEM	点
	49	地下水观测井	H_ HYD_GWMW	点
	50	水尺	H_ HYD_WAG	点
	51	水质监测点	H_ HYD_WQMP	点
	52	雨量计	H_ HYD_OMB	点
	53	蒸发器	H_ HYD_EVP	点
	54	断面	H_ HYD_ST	线
	55	报汛站	H_ HYD_RFP	点

数据集	序号	描述	层名	几何特征
7.水资源	56	水功能区	H_WTR_WFA	面
	57	地表水取水口	H_WTR_SWP	点
	58	地下水取水口	H_WTR_GWP	点
	59	入河排污口	H_WTR_DLH	点
	60	地表水水源地	H_WTR_WSS	点
	61	三级水资源分区	H_WTR_WSR3	面
	62	四级水资源分区	H_WTR_WSR4	面
	63	公共供水企业	H_ECW_PWE	点
	64	建筑及第三产业	H_ECW_BT	点
	65	工业企业	H_ECW_INE	点
	66	规模化畜禽养殖场	H_ECW_FARM	点
	67	地下水取水井	H_UNW_WELL	点
8.水土保持	68	水土保持治沟骨干工程_淤地坝	H_SWC_CCB	线
	69	水土保持工程措施	H_SWC_EM	线
	70	泥石流沟沟口点	H_SWC_MMP	点
	71	泥石流沟沟头点	H_SWC_MHP	点
	72	泥石流沟沟道线	H_SWC_MML	线
	73	泥石流沟沟流域	H_SWC_MMA	面
	74	土壤侵蚀分类分级单元	H_SWC_SEP	面
	75	水土保持生物措施	H_SWC_SM	线
	76	基本农田	H_SWC_BF	面
	77	水土保持林	H_SWC_FO	面
	78	经济林	H_SWC_EF	面

4.3 系统研发

4.3.1 软件功能

按照"江苏省水利地理信息服务平台"的总体设计要求,建设平台软件系统,包括数据管理系统、服务接口系统、资源注册管理系统、目录管理系统、地理编码服务系统、三维地图服务系统、数据采集系统、运维管理系统、降雨等值线制作系统、智能报表制作系统、专题制图系统、门户网站、应用定制系统以及地图浏览系统等子系统。

在建设过程中,考虑用户实际需求和系统的易用性与协调性,对平台的 15 个子系统在保证功能全部覆盖的情况下重新进行了一些调配整合,将资源注册管理系统和数据分发系统合并,实现数据文件也成为一种资源可以共享与分发;图层定制系统和地图配置系统合并到专题制图系统中,实现图层操作的集成,同时根据用户需求增加地图浏览系统及其相应的定制系统,实现用户可定制的系统模式。综上,现江苏省水利地理信息服务平台包含 14 个子系统,软件子系统列表如表 4-11 所示。

表 4-11　软件子系统列表

序号	子系统	架构方式
1	数据管理系统	C/S方式
2	服务接口系统	B/S方式
3	资源注册管理系统	
4	目录管理系统	
5	地理编码服务系统	
6	三维地图服务系统	
7	数据采集系统	
8	运维管理系统	
9	降雨等值线制作系统	
10	智能报表制作系统	
11	专题制图系统	
12	门户网站	
13	应用定制系统	
14	地图浏览系统	

在上述 14 个子系统的基础上,基于平台提供的框架和开发接口,同时搭建了水利地理信息典型应用,提供水利地理信息发布、专题图制作、降雨等值线制作、三维展示、河景应用和移动数据采集等应用示范,满足水利管理信息获取的日常需求。

4.3.2　开发方式

基于数据使用方式、使用对象、功能需求、开发成本及今后业务应用的扩展等多方面的因素,整个系统开发采用不同的手段和形式进行实现。

首先,数据管理系统主要针对的是系统建设初期和系统数据维护人员,使用面相对较窄,而数据使用的方式主要是编辑,因而要求软件性能高、操作人员应具备相应的 GIS 专业知识,因此,采用 C/S 方式进行开发。C/S 方式的优势:运行效率高、数据使用灵活,具有 GIS 专业知识的技术人员容易开发出传统意义上的专业地理信息系统。C/S 方式的不足之处:不适宜集群使用,系统维护困难。

其次,其他子系统主要针对的是各类水利专业应用系统的数据支撑和 GIS 服务支撑,使用面宽,对数据的使用一般以查询、表现、分析为主,涉及数据的修改较少,操作人员对 GIS 技术掌握要求不高,但软件开发能力较强,因此,采用 B/S 方式开发。B/S 方式的优势:使用灵活、适宜集群使用,是 GIS 的发展趋势。B/S 方式的不足之处:数据维护困难,即便具备 GIS 知识的技术人员也难以开发出传统意义上的地理信息系统或需要花费更多的成本,只能提供常用 GIS 服务功能。

C/S 方式采用组件式开发方式,B/S 方式采用面向服务的开发方式,便于今后系统的维护、升级和扩展。

4.3.3　各子系统功能模块

1. 数据管理系统

数据管理系统负责平台中各类数据的管理、更新及维护工作,为省级水利地理信息服务提供数据支持和保障。系统分为水利要素变更采集子系统和数据库管理子系统,水利要素变更采集子系统主要实现通过 Web 对水利变更要素数据的采集功能,数据库管理子系统主要实现对各类数据的管理,包括基础地理信息数据、地理框架数据、水利空间数据、水利属性数据、三维数据、河景影像数据、移动采集数据以及元数据,提供对数据的转换、编辑、入库、查询和更新功能。

系统还提供水利数据空间参考匹配功能,实现水利专题数据在水利专网、互联网和内网之间的空间参考纠正,确保水利专题数据与对应网络下的基础地理数据相匹配。

本系统涉及的功能模块列表如表 4-12 所示,功能设计图如图 4-5 所示。

表 4-12　子系统功能模块列表

功能模块	功能	描述	备注
配置文件	角色模板	根据不同角色定制 mxd 模板	隐藏不必要功能
	系统配置文件	保存系统参数	
系统工具	系统库维护	构建数据管理系统表空间	手动(一次性操作)
	数据管理系统连接		
	数据源配置工具	配置各数据库连接信息	省厅统一配置
	用户登录		
工作层管理	新建工作层		
	采集数据导入		
	属性编辑		
	加载基础数据		
	提取基础数据	将现势库待修改数据提取到工作层	
	标记工作层	各角色标记成果,用于实现扭转	
	取回工作层	对已标记的工作层执行取回操作	消息方式通知其他角色
地图浏览	GIS 基本功能		
	缩略图(鹰眼)		
	比例尺设置		
	标注		
	内容表		鼠标右键菜单重新组织
辅助功能	捕捉		
	撤销		
	重做		

功能模块	功能	描述	备注
查询定位	图幅定位		直接使用 ArcGIS 的"查找"
	行政区定位		
	名称/代码查询		
	关键字查询		
	点查询		绘制基类＋子类
	拉框查询		
	多边形查询		
	穿越查询		
	行政区内要素查询		
	缓冲区查询		
数据抽取	数据导入(转换)		
	按编码抽取数据		
	双线路提取中心线		
	提取多边形边线		
	兴趣点提取		
	实体构建		
	实体查询/编辑		
图形编辑	绘制任意点		全部集成到"创建要素"停靠窗体的"构造工具",便于操作,需要包装 ArcGIS 原有功能
	绝对坐标法绘点		
	相对坐标法绘点		
	极坐标法绘点		
	对称点		
	绘制任意线		
	三点画弧		
	两点画弧		
	三点画圆(线)		
	圆心画圆法(线)		
	绘制任意面		
	单边矩形构面		
	三点画圆(面)		
高级编辑	移动图形		
	复制图形		
	打散图形		
	图形合并		
	节点编辑		

功能模块	功能	描述	备注
元数据管理	增删改查	数据集、要素类元数据增删改查	
数据检查	表结构检查		
	属性检查		
	图形检查		
	标记通过	标识工作层检查通过或不通过	
数据管理	数据入库		
	数据更新		
	时态数据查询	以动态方式展示图层要素变化情况	
	历史数据恢复	从历史库恢复已更新入库的数据	采用提取历史图形方式
	图层备份/恢复		
	数据字典备份/恢复		
	区域要素备份/恢复		
	数据用户备份/恢复		
空间匹配	水利专网空间纠正		
	互联网空间纠正		
	内网空间纠正		
日志管理	日志记录	提供日志记录接口	
	日志查询		
组合工程管理	创建组合工程		
	查询组合工程		
移动数据对接	Spatialite 转换成 Shape		
	GDB 转换成 Spatialite		

考虑到系统的重用性以及相关开发人员的技术特点和相关技能等要素,本系统基于.NET 架构进行设计与开发,整个系统的开发和应用模式为 C/S 模式。

(1)服务端设计

数据组织与存储如下。

1)数据内容

数据管理系统涉及水利、基础地理多种数据库,以水利空间数据操作为主,基础地理数据提供查询浏览等辅助工作,详细内容如下。

①水利地理信息服务平台数据库:提供用户表;

②水利地理信息数据库:水利空间数据;

③基础地理信息数据库:DLG(数字线划图),主要是行政区、图幅结合表,省级实体数据、地名地址数据;

④元数据库:实体、数据集和要素类的元数据描述;

⑤数据管理系统库:本系统运维库,包括日志表、角色表、工作层等;

⑥时态数据库:数据更新记录的历史数据,采用单独表空间存储。

2)数据要求

基础地理数据库将和省水利地理信息数据库一致,均采用统一的空间参考,即全部统一到

CGCS 2000 国家大地坐标系和 1985 国家高程基准上。

采用 SDE 方式存储的图形数据,以"写入基表模式"注册数据集,便于数据更新。

3)数据集命名规则

水利数据集分为 8 大类:水利公共类(H_PUB)、水利工程类(H_IND)、防汛抗旱(H_FCD)、农村水利(H_RWT)、水利规划专题(H_WTP)、水文(H_HYD)、水资源(H_WTR)、水土保持(H_SWC)。

(2)客户端设计

功能设计如图 4-5 所示。

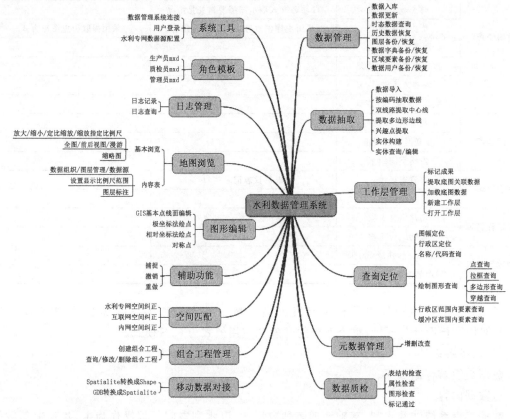

图 4-5 功能设计图

1)配置文件

①角色模板—数据处理

数据处理角色,功能限定为工作层创建和编辑、数据导入工作层、属性编辑、提取基础数据、加载基础数据(只读)、检查工作层、提交质检数据、取回工作层、刷新列表。

②角色模板—数据质检

数据质检角色,功能限定为检查工作层、标记不通过、提交管理员、取回工作层、加载基础数据(只读)、刷新列表。

③角色模板—数据管理

管理员角色,功能限定为数据更新入库、响应取回请求、历史数据查询、元数据管理、加载基础数据(只读)、刷新类表。

④数据库脚本

初始化 dmp 文件:作为初始建库时批量处理文件(由于系统表比较少,可以不用 dmp)。

2)系统工具

①配置工具权限

鉴于全省数据统一管理,数据建库应当只针对少数人员,甚至是只允许一个人操作,程序限定只有管理员(System)才有数据建库和升级权限,在功能运行时执行必要的用户身份验证。

②系统库维护

系统库维护分为初始创建和日常数据结构升级两部分。初始建库表包括日志表、底图要素锁定表、工作层状态表、数据源配置表和质检结果表。

功能描述:由于全省数据管理系统采用同一个数据库,该功能由系统管理员一次性初始化或者执行数据结构升级(该工具作为独立应用程序使用,为了限制使用人员,使用时须提供数据库管理员密码)。

③数据源配置工具

由于水利、基础地理各数据库独立用户和独立表空间存储,同时出于保密性的考虑,通过该设置将各数据库连接参数以加密字符串方式存储到运维表。类型参照字典表"数据源配置类型"。

功能描述:该功能由省级数据管理员统一配置,一般来说,属于一次性行为,除非发生数据迁移。

④角色配置

功能描述:读取平台库用户信息,对各用户分配角色,限于数据处理、数据质检和数据管理员 3 种角色之一。

⑤用户登录

功能描述:连接水利用户平台库,读取用户和角色分配信息,填写或选择用户名和密码,根据分配的权限进入各数据管理界面。

⑥新建工作层

功能描述:根据水利平台现势库图层,创建同样字段结构的工作层,用于数据编辑。工作层存储于数据管理系统库中,命名规则:现势库图层名称+"_"+用户 ID+"W"。

示例图层名:H_EDS_0147ec1d36f532ec03e447ebc8990016W 表示"由用户 ID 为0147ec1d36f532ec03e447ebc8990016 的用户创建的易旱区工作层"。

示例图层别名:易旱区(工作层)。

⑦采集数据导入

功能描述:将 CAD 数据转换为 Shapefile 或 GeoDatabase 格式或直接导入 SHP 数据。将属性表中的数据与图形匹配并导入要素类中。

⑧属性编辑

功能描述:用户双击要编辑属性的图层,弹出编辑窗体。修改属性数据单击"保存"按钮。保存修改的属性数据。

⑨加载基础数据

功能描述:系统展示平台库所有图层,用户可以勾选部分或者全部打开水利专网的图层,作为编辑的底图数据加载到地图窗口,程序自动控制不可编辑。

⑩提取基础数据

功能描述:选择工作层要素,程序自动将现势库中相关联(相交)的底图数据提取到工作层,便于生产员对新旧图形切割、融合,形成新图形。

⑪取回工作层

功能描述:对于已经标记的工作层,若需要再次进行编辑,则执行取回操作。程序会自动检测数据质检员的响应结果,如果已经取回,则动态改变工作层状态。

⑫浏览质检结果

功能描述:对于质检不通过的工作层,可以查看质检检查结果,以便对照修改。详细实现逻辑参照数据质检模块。

3)工作层面板—数据质检

①标记不通过

功能描述:根据检查结果对工作层状态进行标记,图层必须执行过质检才可以执行该操作。

②提交管理员

详见"工作层面板—数据处理"→"提交质检员"模块。

③取回工作层

功能描述:数据质检员向管理员发送取回请求,在管理员做出响应之后,能够取回工作层的处理权限或者响应数据处理员。

用户界面:参照数据处理取回工作层界面。

④响应取回请求

功能描述:对数据处理员取回工作层的请求做出响应,如果同意取回,则程序自动断开工作层的连接,同时将信息从工作层列表清除。

⑤加载基础数据

详见"工作层面板—数据处理"→"加载基础数据"模块。

4)工作层面板—管理员

加载基础数据:

详见"工作层面板—数据处理"→"加载基础数据"模块。

5)地图浏览

①基本 GIS 功能

功能描述:常规放大、缩小、漫游、全图等。

②缩略图

功能描述:显示全幅地图的小地图窗口(即鹰眼)。

③内容表

功能描述:采用 ArcGIS 提供的内容表,对其鼠标右键菜单进行重新组织,屏蔽一些不必要的菜单。

6)辅助功能

①捕捉

功能描述:对图的端点、节点进行捕捉并可以增加、移动或删除节点。

②撤销

撤销本次图形的操作,直接定制 ArcGIS 工具。

③重做

重做撤销的图形,直接定制 ArcGIS 工具。

7)查询定位

①图幅定位

功能描述:自动读取业务数据库"基础地理信息数据库"中的所有图幅层,展示图幅信息支持定位。

②行政区定位

功能描述:自动读取业务数据库"基础地理信息数据库"中行政区图层,按村级代码组织市、县、乡代码,支持定位(图层自动加载)。

③名称/代码查询

功能描述:输入名称或者代码能查询所有图层中包含该名称或代码的要素。

④关键字查询

功能描述:根据输入条件组成 SQL 语句筛选数据。

⑤多边形查询

功能描述:绘制多边形查询,以列表形式显示查询结果。

⑥行政区内要素查询

功能描述:查询包含在选择的行政区范围内要素,以列表形式显示查询结果。

⑦缓冲区查询

功能描述:选择图形,输入缓冲距离。

8)数据抽取

①数据导入

详见"工作层面板－数据处理"→"采集数据导入"模块。

②双线路提取中心线

功能描述:选择双线路的两条边线,提取双线路的中心线。

③提取多边形边线

功能描述:选择多边形,设置多边形边线图层的属性字段,将选中的多边形提取到新图层。

④兴趣点提取

功能描述:根据地名提取交通、水系、居民地和行政区域名称以及位置和相关属性。

⑤实体构建

功能描述:根据地理要素,构建地理实体并赋予属性及编码。

⑥实体查询/编辑

功能描述:查询和编辑已构建的实体。

9)元数据管理

①元数据创建

用户选择需要创建元数据的图层,填写元数据内容提交到元数据库。界面布局参照元数据平台结构。

②元数据修改

功能描述:用户单击需要修改的图层,在右侧元数据信息区域直接编辑,完成之后单击"保存"按钮。

③元数据查询

用户单击图层列表,在右侧展示元数据信息。

10)数据质检

①表结构检查

功能描述:对入库前数据的图层分类、属性定义进行检查,检查结果可以以文本文件方式(txt)保存。

②属性检查

功能描述:对数据属性的合理性和规范性进行检查,包括属性唯一性检查、属性非空检查和合理性检查,检查项定义参照 DM_TCZDXX 系统表。

③图形检查

功能描述:对数据图形的正确性和相互之间的逻辑关系进行检查,包括微小要素检查、自相交检查、要素压盖检查、与底图业务拓扑关系检查。具体检查规则暂定如下。

微小要素检查:线要素图形长度小于 0.25 m,面要素图形面积小于 0.4 m^2;

④生成报告

将当前质检成果以 txt 或 Excel 方式导出。

11)数据管理

①数据入库

详见"工作层面板-数据处理"→"采集数据导入"模块。

②数据更新

功能描述:数据管理员将质检通过的工作层数据更新到现势库中,同时形成原要素的时态数据,以更新时间作为统一时间点。

③时态数据查询

功能描述:系统展示时态数据库图层列表,用户选择需要查看的图层,能够实现时态数据动态展示、动态视频输出。

④历史数据恢复

从历史库提取图形到工作层,作为一次新的数据更新行为,执行完整的数据编辑、数据质检和数据更新入库的流程。

⑤图层备份

功能描述:选定的图层备份到 Shapefile、PersonalGeoDatabase 或者 FileGeoDatabase 中。

⑥数据字典备份

功能描述:加载平台库字典表,用户选择字典表,支持导出 *.mdb 或者 Excel 格式。

数据字典备份如图 4-6 所示。

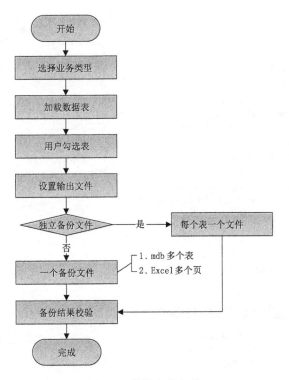

图 4-6　数据字典备份

数据表备份用户界面如图 4-7 所示。

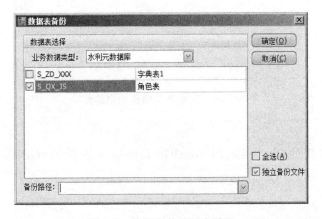

图 4-7　数据表备份用户界面

⑦区域备份

功能描述：选定区域中的地理要素，并备份到 Shapefile、PersonalGeoDatabase 或者 File-GeoDatabase 中，如图 4-8 所示。

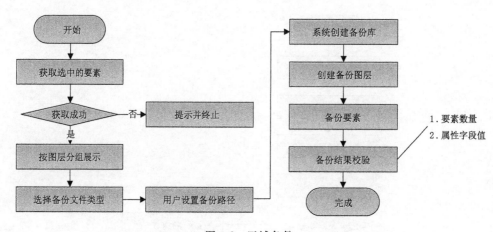

图 4-8　区域备份

区域备份确认用户界面如图 4-9 所示。

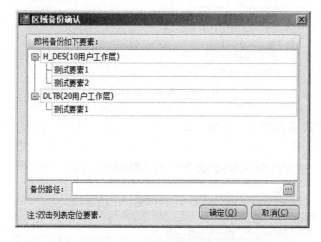

图 4-9　区域备份确认用户界面

⑧图层恢复

功能描述:从备份的 Shapefile、PersonalGeoDatabase 或者 FileGeoDatabase 将数据恢复到指定图层,如图 4-10 所示。

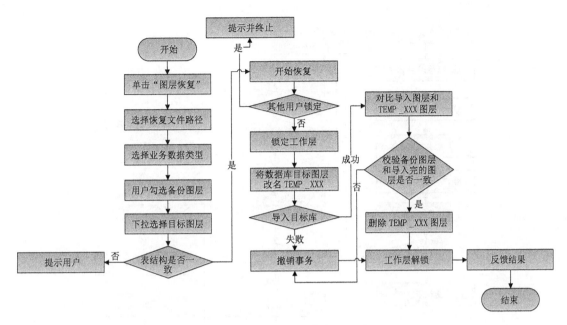

图 4-10　图层恢复

图层备份用户界面如图 4-11 所示。

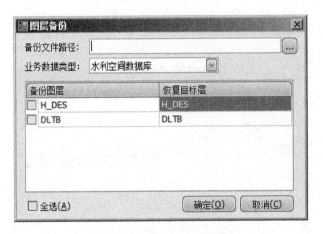

图 4-11　图层备份用户界面

⑨数据字典恢复

功能描述：从备份的 mdb 文件或者 Excel 文件中将数据字典恢复到数据库中，如图 4-12 所示。

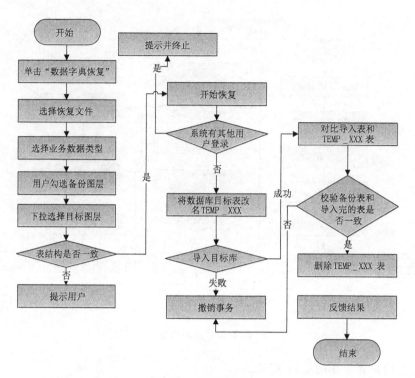

图 4-12 数据字典恢复

数据表恢复用户界面如图 4-13 所示。

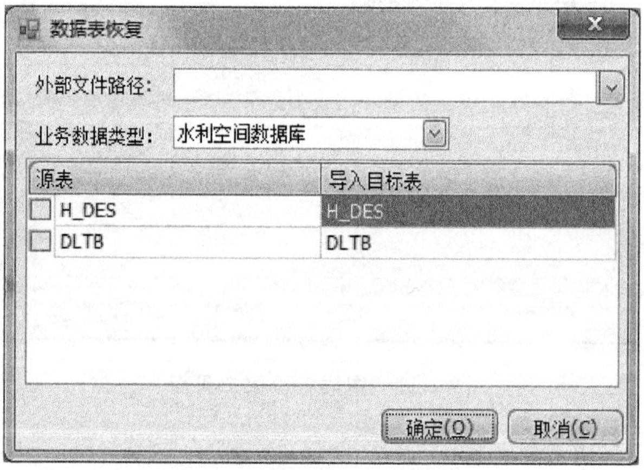

图 4-13 数据表恢复用户界面

⑩区域恢复

功能描述:将备份在 Shapefile、PersonalGeoDatabase 或者 FileGeoDatabase 的图层恢复到数据库中对应图层的相同区域中,如图 4-14 所示。

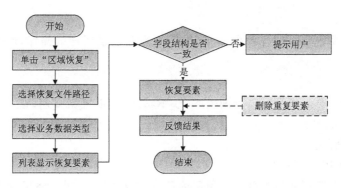

图 4-14　区域恢复

区域恢复用户界面如图 4-15 所示。

图 4-15　区域恢复用户界面

12)空间参考匹配

①水利专网空间纠正

功能描述:将水利专题数据按照专网要求进行空间参考纠正。

地理配准用户界面如图 4-16 所示。

图 4-16　地理配准用户界面

②互联网空间纠正

将水利专题数据按照互联网要求进行空间参考纠正。

③内网空间纠正

将水利专题数据按照内网要求进行空间参考纠正。

13)日志管理

①日志记录

功能描述:从系统登录到各数据操作,均记录当前登录用户的操作行为到系统库日志表 S_SJ_RZXX。

②日志查询

功能描述:弹出日志查询窗口查询表 S_SJ_RZXX,可以根据日期、错误类型、操作人员进行查询。

14)组合工程管理

①创建组合工程

功能描述:按照工程业务类型配置图层信息,在加载图层的时候将相应的工程业务类型图层也加载在列表中。

②查询组合工程

功能描述:选择图层,查看该图层有没有创建组合工程。

15)移动数据对接

①Spatialite 转换成 Shape

功能描述:将 Spatialite 数据库转换成 Shape 数据,以便直接导入数据到工作层。

②GDB 转换成 Spatialite

功能描述:将导出的 GBD 数据转换成 Spatialite 数据格式,以便上传到移动端能直接读取数据。

2. 服务接口系统

服务接口属于基础服务,是实现共享服务的核心,涉密版和非涉密版水利地理信息数据通过服务接口提供共享服务。服务接口涵盖了数据接口和功能接口两个方面。

数据接口符合 OGC 规范的 CSW、WMS、WFS、WCS、WFS-G 和 WMTS 标准服务接口。该类接口支持访问符合 OGC 规范的空间数据服务。

功能接口包括常用的空间查询、空间分析功能,遵循 OGC 规范的 WPS(Web Processing Service)服务。

服务接口是实现共享服务的核心,是运行平台门户和一切业务应用的基础。其中部分接口由 ArcGIS Sever 提供:数据接口包括 WMS、WFS、WCS、WFS-G 和 WMTS;功能接口则包括空间查询和空间分析,系统通过调用这些数据接口将用户数据发布成服务,功能接口进行空间信息的提取和传输。其他 ArcGIS 未提供的接口,包括 CSW 网络目录服务和 WPS 网络处理服务,则是由平台系统自行实现。

服务端设计如下。

1)接口设计

①WPS 服务

WPS 服务英文全称 Web Processing Service,是 OGC 提出的一种服务规范,OGC® Web Processing Service(WPS)标准描述了如何通过远程的任何算法和模型处理获得地理空间的栅格或矢量信息产品。WPS 提供的服务可以是简单的空间定位,也可以是复杂大气模型等运算。

自定义的 WPS 服务接口符合 OGC 规范,主要包括 GetCapablities 接口、DescribeProcess

接口、Execute 接口。其中,GetCapablities 接口获取 WPS 服务元数据信息,DescribeProcess 接口为获取 WPS 服务处理时的传入参数,返回参数等描述信息,Execute 接口处理具体的空间分析功能。

②CSW 服务

CSW 服务英文全称 Catalog Service for the Web,即网络目录服务,是 OGC 制定的一套空间信息目录服务的标准协议框架,是用来协助用户在已有的 Web 服务中搜索、发现及注册空间数据和服务元信息(元数据)的网络目录服务协议。

自定义的 CSW 服务接口符合 OGC 规范,主要包括 GetCapablities 接口、DescribeRecord 接口、GetRecordById 接口、GetRecord 接口。其中,GetCapablities 接口获取 CSW 服务元数据信息,DescribeRecord 接口为获取 CSW 服务描述记录方式,GetRecordById 接口为根据 ID 获取符合条件的元数据记录,GetRecord 接口为根据具体查询条件获取符合条件的元数据记录。

2)功能设计

①WPS 服务

模块名称:mywps

WPS 服务可用于:使用即插即用的机制,降低数据处理流程的复杂性;连接不同的处理操作;开发可以被其他用户重用的处理过程;处理流程和模型集中于服务提供者,方便维护;利用中央服务器集群的高运算性能;方便对复杂模型的公共使用。

本系统中实现了基于 OGC 标准的 WPS 服务功能,如叠加分析功能,并将分析名称使用在服务地址中,每个分析功能都有一个单独的服务地址。

②CSW 服务

模块名称:deegree

目录中的元信息(元数据)是指可以被人类或计算机软件查询并呈现的资源的规格参数,是关于资源的不同类型的描述信息,可用于资源的评估和进一步的信息处理。资源的元信息在 CSW 服务中以记录的形式存在,一条记录就代表了一个资源的元信息,资源可以是空间数据或者空间服务,甚至指定 URI 地址的任何 MIME 类型的文件。

CSW 描述了地理空间数据和服务的发布、访问的框架原理,规定了目录服务的接口、绑定的协议以及框架结构。CSW 规范没有规定只能使用唯一的、确定的目录元数据模型(Schema),但明确地提出了推荐使用具有国际化标准的信息对象模型,从而达到在不同的操作团体之间尽最大可能实现互操作。

本系统中 CSW 服务采用自定义元数据内容标准,实现了 CSW 服务 4 种接口:GetCapablities 接口、GetRecords 接口、GetRecordById 接口、DescribeRecord 接口。

3. 资源注册管理系统

作为平台服务的一部分,资源注册管理用于将资源注册到平台中以实现资源的共享使用。资源注册管理服务为平台门户网站所调用,其结果在平台门户网站中展示出来。

由共享发布者将资源注册到平台,共享使用者申请资源的使用权,申请获得通过后开始使用该资源。

资源的类型分为服务型资源和数据型资源。服务型资源事先即以服务的形式存在,共享发布者将其注册到平台中,以实现这些服务的共享。数据型资源指空间数据文件和属性数据,这些文件将被上传到平台中以实现共享。

(1)服务端设计

资源注册管理系统服务端提供了资源注册相关接口、资源查询接口、资源草稿箱接口、资源申请与审批接口、资源聚合与拆分接口、资源反向代理接口,如图 4-17 所示。

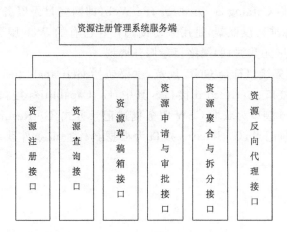

图 4-17　资源注册管理系统服务端

各接口设计情况如下。

1)资源注册接口

①注册或编辑服务型—空间数据服务—URL 资源

接口:void insertResource(Resource resource, List<Iface> ifaceList, String creatorId, String directoryId)。

传递 Resource 相关信息、Iface 相关信息、创建者 ID、目录 ID,注册或编辑服务型—空间数据服务—URL 资源。

根据 Resource 中的相关信息判断是注册资源还是编辑资源。如果是注册资源,ifaceList 是服务型资源的详细信息,首先将其存入数据库中的 HGP_INTERFACE 表。之后从 Resource 中解析出关键字信息,存入数据库中的 HGP_KEYWORD 表。然后将 Resource 信息存入 HGP_RESOURCE 表。再根据 URL 地址生成代理地址。之后对缩略图进行处理,将缩略图与当前 Resource 关联起来。最后将该资源相关信息同步到 ldap 中去。资源注册完成。如果是编辑资源,则更新数据库中的 Iface 信息、关键字信息、Resource 信息,生成服务代理地址,将资源的编辑情况同步到 ldap。资源编辑完毕。最后对缩略图进行处理,如图 4-18 所示。

②注册或编辑服务型—空间数据服务—数据库链接资源(Oracle 链接)

接口:void insertServiceDatabaseResource(Resource resource, List<Iface> ifaceList, String creatorId, String directoryId)。

传递 Resource 相关信息、Iface 相关信息、创建者 ID、目录 ID,注册或编辑服务型—空间数据服务—数据库链接资源,这里的数据库链接属于 Oracle 数据库。

根据 Resource 中的相关信息判断是注册资源还是编辑资源。如果是注册资源,首先将关键字存入 HGP_KEYWORD 表。之后从 Resource 中解析出数据库链接信息,根据数据库链接发布服务,并将服务信息存入 HGP_INTERFACE 表。然后将 Resource 信息存入 HGP_

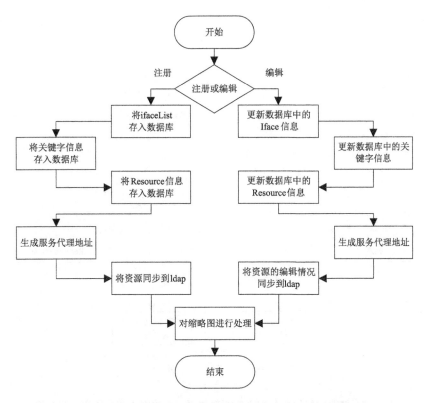

图 4-18　注册或编辑服务型—空间数据服务—URL 资源算法流程

RESOURCE 表。再根据 URL 地址生成代理地址。最后将该资源相关信息同步到 ldap 中。资源注册完成。如果是编辑资源，然后更新数据库中的关键字信息，利用数据库链接发布服务，之后更新数据库中的服务信息、Resource 信息，生成服务代理地址，最后将资源编辑情况同步到 ldap，资源编辑完成，如图 4-19 所示。

③注册或编辑服务型—空间数据服务—数据库链接资源（SDE）

接口：void insertServiceSDEDatabaseResource（Resource resource，List＜Iface＞ ifaceList，String creatorId，String directoryId）。

传递 Resource 相关信息、Iface 相关信息、创建者 ID、目录 ID，注册或编辑服务型—空间数据服务—数据库链接资源（SDE）。

根据 Resource 中的相关信息判断是注册资源还是编辑资源。如果是注册资源，先将关键字信息存入 HGP_KEYWORD 表，然后根据 SDE 链接发布服务，将发布后得到的服务存入 HGP_INTERFACE 表。将 Resource 信息存入 HGP_RESOURCE 表。生成服务代理地址。最后将资源信息同步到 ldap，注册完成。如果是编辑资源，则更新数据库中的关键字信息，根据 SDE 链接发布服务，更新数据库中的服务信息、Resource 信息，生成服务代理地址，将资源的编辑情况同步到 ldap，资源编辑完成。

④注册或编辑服务型—空间数据服务—数据文件资源

接口：void insertServiceDataResource(Resource resource，String fileId，List＜Iface＞ ifaceList，String creatorId，String directoryId，String allMainPath) throws Exception。

江苏省水利地理信息服务平台构建与应用

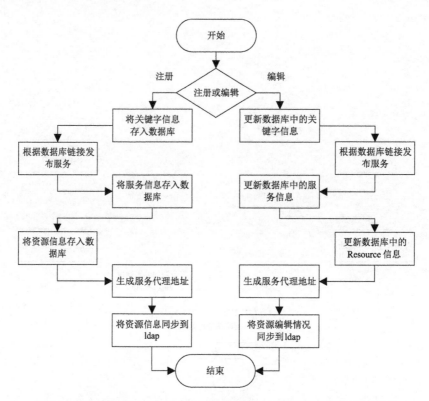

图 4-19　注册或编辑服务型—空间数据服务—数据库链接资源算法流程

传递 Resource 相关信息、文件 ID、Iface 相关信息、创建者 ID、目录 ID，注册或编辑服务型—空间数据服务—数据文件资源。

根据 Resource 中的相关信息判断是注册资源还是编辑资源。如果是注册资源，首先保存关键字信息到 HGP_KEYWORD 表，用该数据文件发布服务，将服务信息存入 HGP_INTERFACE，从 Resource 中解析出 RFile 并存入 HGP_RFILE，将 Resource 信息存入 HGP_RESOURCE 表。生成服务代理地址。最后将资源信息同步到 ldap，注册完成。如果是编辑资源，首先更新数据库中的关键字信息，之后用数据文件发布服务，更新数据库中的服务信息、Resource 信息，生成服务代理地址，将资源的编辑情况同步到 ldap，资源编辑完成，如图 4-20所示。

⑤注册或编辑空间功能服务资源

接口：void insertServiceFunctionResource(Resource resource, Iface iface, String creatorId, String directoryId)。

传递 Resource 相关信息、Iface 相关信息、创建者 ID、目录 ID，注册或编辑空间功能服务资源。

根据 Resource 中的相关信息判断是注册资源还是编辑资源。如果是注册资源，首先将关键字信息存入 HGP_KEYWORD 表。之后根据空间功能服务的 URL 获取其参数信息，并存入数据库。然后将 Resource 信息存入数据库。生成服务代理地址，最后将资源信息同步到 ldap，注册完成。如果是编辑资源，更新数据库中的关键字信息，根据空间功能服务的 URL 获取其参数信息，更新数据库中的服务信息、参数信息、更新 Resource 信息，生成服务代理地址，

· 92 ·

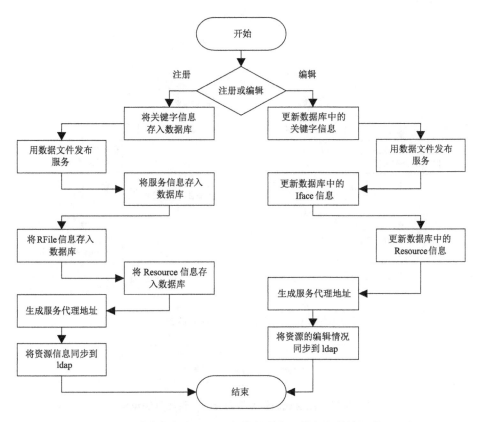

图 4-20 注册或编辑服务型—空间数据服务—数据文件资源算法流程

将资源的编辑情况同步到 ldap,资源编辑完成,如图 4-21 所示。

⑥注册或编辑服务型—属性数据服务资源

接口:void insertServicePropertyDatabaseResource(Resource resource, Iface iface, String creatorId, String directoryId)。

传递 Resource 相关信息、Iface 相关信息、创建者 ID、目录 ID,注册或编辑服务型—属性数据服务资源。

根据 Resource 中的相关信息判断是注册资源还是编辑资源。如果是注册资源,则先将关键字信息存入 HGP_KEYWORD 表,之后生成属性数据服务地址,并将 Iface 信息存入 HGP_INTERFACE 表,将 Resource 信息存入 HGP_RESOURCE 表,最后将资源注册信息同步到 ldap,资源注册完成。如果是编辑资源,则将关键字信息、Iface 信息、Resource 信息更新。

⑦注册或编辑数据型—空间数据文件资源

接口:void insertSpatialFileResource(Resource resource, String fileId, String creatorId, String directoryId, String allMainPath) throws Exception。

传递 Resource 信息、文件 ID、创建者 ID、目录 ID,注册或编辑数据型—空间数据文件资源。

首先将 RFile 信息存入 HGP_RFILE 表,然后用该空间数据文件发布服务,将服务地址存入 HGP_INTERFACE 表,将 Resource 信息存入 HGP_RESOURCE 表,将关键字信息存入 HGP_KEYWORD 表,注册完成。

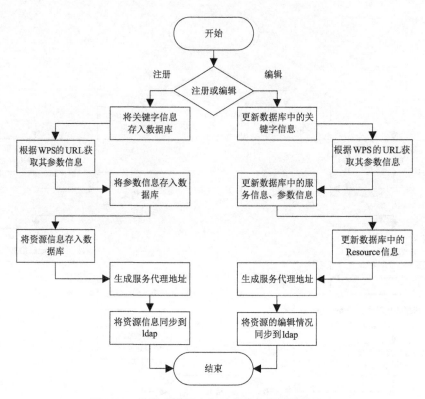

图 4-21　注册或编辑空间功能服务资源算法流程

⑧注册或编辑数据型—其他文件资源

接口：void insertResource(Resource resource，String fileId，String creatorId，String directoryId)。

传递 Resource 信息、文件 ID、创建者 ID、目录 ID,注册或编辑数据型—其他文件资源。

⑨根据 ID 获取资源

接口：<T> Resource<T> getResource(String id) throws EntityNotFoundException。

传递 Resource 的唯一 ID,返回 Resource 对象。

⑩根据 ID 批量获取资源

接口：<T> Map<String, Resource<T>> mgetResources(Collection<String> ids)。

传递 Resource 唯一 ID 的集合,返回对应的所有 Resource 对象。

⑪根据目录 ID 获取该目录下所有资源

接口：<T> List<Resource> getResources(String directoryId)。

传递目录 ID,返回该目录下所有 Resource 对象。

⑫获取某目录下服务型资源信息

接口：List getMapResource(String directoryId)。

传递目录 ID,返回该目录下所有服务型资源信息。

⑬获取所有资源

接口：List<Resource> getResourceList() throws Exception。

获取所有资源。

⑭保存资源(仅保存 Resource)

接口:<T> Resource<T> saveResource(Resource<T> resource)。

将 Resource 存入 HGP_RESOURCE 表。

⑮保存多个资源(仅保存 Resource)

接口:void saveResources(List<Resource> resources)。

将 Resource 存入 HGP_RESOURCE 表。

⑯删除资源(仅删除 Resource)

接口:void deleteResource(String id)。

传递 Resource 的 ID,删除 HGP_RESOURCE 表中的 Resource。

⑰获取注册服务型—空间数据服务—URL 资源时支持的服务类型

接口:List<IfaceType> getIfaceTypeList()。

服务链接注册为资源时,支持 8 种服务类型:ARCGIS REST、ARCGIS TILE、ARCGIS FEATURE、WMS、WFS、WCS、WFS-T、WMTS,此接口用于获取这 8 种类型。

⑱获取所有的服务类型

接口:List<IfaceType> getAllIfaceTypeList()。

获取平台内所有的服务类型。

⑲获取用于注册

服务型—空间数据服务—数据文件/服务型—空间数据服务—数据库链接/服务型—属性数据服务的服务类型。

接口:List<IfaceType> getIfaceTypePartList()。

获取 List<IfaceType>,用于注册:服务型—空间数据服务—数据文件/服务型—空间数据服务—数据库链接/服务型—属性数据服务。

⑳获取垂向基准名称代码

接口:List<VerticalReferenceSystem> getVerticalReferenceSystemList()。

返回垂向基准名称代码 List。

㉑获取大地基准名称代码

接口:List<GeodeticCoordinateSystem> getGeodeticCoordinateSystemList()。

获取大地基准名称代码 List。

㉒获取椭球类型

接口:List<EllipseType> getEllipseTypeList()。

获取椭球类型的 List。

㉓获取分带方式

接口:List<ZoningMode> getZoningModeList()。

获取分带方式的 List。

㉔获取轴单位

接口:List<EsriUnits> getEsriUnitsList()。

获取轴单位的 List。

㉕获取所有字符集

接口:List<CharEncoding> getCharEncodingList()。

获取所有字符集的 List。

㉖获取所有空间表示类型

接口：List<SpatialRepresentationType> getSpatialRepresentationTypeList()。

获取所有空间表示类型 List。

㉗获取所有数据库类型

接口：List<DatabaseType> getDatabaseTypeList()。

获取所有数据库类型 List。

㉘获取所有空间数据库类型

接口：List<SpatialDatabaseType> getSpatialDatabaseTypeList()。

获取所有空间数据库类型 List。

㉙获取所有数据型资源的类型

接口：List<DataType> getDataTypeList()。

获取所有数据型资源的类型 List。

㉚获取注册数据型—其他文件资源时，支持的文件类型

接口：List<OtherFileType> getOtherFileTypeList()。

获取注册数据型—其他文件资源时，支持的文件类型。

㉛获取注册空间数据服务—数据文件资源时，支持的文件类型

接口：List<DataFileType> getDataFileTypeList()。

获取注册空间数据服务—数据文件资源时，支持的文件类型。

㉜使用椭球参数名称获取椭球

接口：Map<String，Object> getEllipsoidParamsByGeodeticCoordinateSystem(String geodeticCoordinateSystemName)。

传递大地基准名称代码的名称，返回相关椭球参数。

㉝使用椭球类型获取椭球

接口：Map<String，Object> getEllipsoidParamsByEllipsoidType(String ellipsoid)。

传递椭球的类型，返回相关椭球参数。

㉞使用 wkid 获取 SpatialReference 参数

接口：CoordinateReferenceSystem getSpatialReferenceParams(String wkid)。

传递 wkid，返回 SpatialReference 参数。

㉟使用 wkt 获取 SpatialReference 参数

接口：SpatialReference getSpatialReferenceParamsByWkt(String wkt)。

传递 wkt，返回 SpatialReference 参数。

㊱获取某资源的所有文件

接口：List<File> searchFileByResourceId(String resourceId)。

传递资源 ID，返回该资源的所有文件。

㊲获取某资源的所有文件 ID

接口：List<String> searchFileIdByResourceId(String resourceId)。

传递资源 ID，返回该资源的所有文件 ID 的 List。

㊳获取某资源的所有缩略图文件 ID

接口：List＜String＞ searchThumbFileIdByResourceId(String resourceId)。

传递资源 ID，返回该资源的所有缩略图文件 ID。

㉟测试数据库连接

接口：boolean testDatabaseConnection(String url, String userName, String password, DatabaseType databaseType)。

传递数据库连接信息、数据库账号、数据库类型，测试数据库连接，如果测试通过返回 true，否则返回 false。

⑩获取指定数据库中的所有表名

接口：List＜String＞ getTableName(String url, String userName, String password, DatabaseType databaseType)。

传递数据库连接信息、数据库账号，返回指定数据库中的所有表名。

㊶获取指定数据库中的空间数据表名

接口：List＜String＞ getSpatialTableName(String url, String userName, String password, DatabaseType databaseType)。

传递数据库连接信息、数据库账号，返回指定数据库中的空间数据表名。

㊷测试服务 URL

接口：Map＜String, Object＞ testMapServiceUrl(String url, String type)。

传递服务 URL 地址、类型，测试服务 URL，如果测试通过，则返回 wkid、version、east、west、north、south 等信息。

㊸获取 WPS 的参数信息

接口：Map＜String,Object＞ getWPSUrlParams(String url)。

传递 WPS 的 URL 地址，访问 WPS 的 URL，如果访问成功，返回 WPS 所支持的所有接口的输入输出参数信息。

㊹测试 WPS 的 URL

接口：Map＜String,Object＞ testWPSUrlFunctionList(String url)。

传递 WPS 的 URL 地址，测试 WPS 的 URL，如果成功则回传所有接口的 identifier 列表。

㊺获取 WPS 的某个接口的参数信息

接口：Map＜String,Object＞ testWPSUrlParam(String url,String identifier)。

传递 WPS 的 URL 地址、接口 identifier，返回 WPS 该接口的所有参数信息。

㊻获取 WPS 某个接口的请求结果

接口：Map＜String,Object＞ getWpsRequestResult(String url,String identifier)。

传递 WPS 的 URL 地址、接口 identifier，获取 WPS 某个接口的请求结果。

㊼获取某个服务的图层信息

接口：Map＜String, Object＞ getResourceLayerInfo(String url, IfaceType ifaceType)。

传递服务的 URL 地址、服务类型，返回该服务的图层信息。

㊽生成用于浏览地图的 URL

接口：Map＜String, Object＞ getGetMapURL(String url)。

传递服务的 URL，返回用于浏览地图的 URL。

㊾获取服务的请求结果

接口：Map<String，Object> getServiceRequestResult(String url，String type)。

传递服务的 URL、服务类型，返回服务的请求结果。

㊿获取所有的 wkid

接口：List<Wkid> getAllWkid()。

获得所有的 wkid 的 List。

51获得某个 Resource 下所有服务类型或数据类型列表

接口：List<String> getResourceDetailType(String resourceId)。

传递资源的 ID，返回该 Resource 下所有服务类型或数据类型列表。如果是服务型，则列出所有具体服务类型(WMS、WFS 等)。如果是数据型，则列出文件的类型(只有一个)。

52获得某个 Resource 下的具体类型信息

接口：List<SubTypeInfo> getResourceDetailSubTypeInfo(String resourceId)。

传递资源 ID，返回该 Resource 下的具体类型信息 List。如果是服务型，则列出所有具体服务类型(WMS、WFS 等)。如果是数据型，则列出文件的类型(只有一个)。

53生成查看地图的地址链接

接口：String getMapUrlfromIfaceUrl(String ifaceUrl)。

生成查看地图的地址链接。

54获得某个资源的某种服务类型的 URL

接口：String getResourceMapServiceURL(String resourceId，IfaceType ifaceType)。

传递资源 ID、服务类型，返回该资源该服务类型的 URL。

55判断用户对资源子类型是否有权限

接口：boolean getUserRightForResourceSubType(String userId，String resourceId，String nodeId，int nodeType，int state)。

传递用户 ID、资源 ID、节点信息，返回用户对资源子类型是否有权限。

56获取资源的申请量

接口：int getResourceApplyCount(String resourceId)。

传递资源 ID，返回资源的申请量(申请成功的)。

57同步资源申请量到资源的申请量字段上

接口：void syncApplyCount(String resourceId)。

传递资源 ID，同步资源申请量到资源的申请量字段上。

58让用户获得某个服务型资源的权限

接口：void setRegisterRight(Resource resource，List<Iface> ifaceList，String creatorId)。

传递资源、ifaceList、用户 ID，为该用户赋予该服务型资源的权限。

59让用户获得某个数据型资源的权限

接口：void setRegisterRight(Resource resource，RFile rFile，String creatorId)。

传递资源、rFile、用户 ID，为该用户赋予该数据型资源的权限。

60比较新旧两个 List，获取要删除的 List

接口：List<Iface> getToDelList(List<Iface> ifaceListOld，List<Iface> ifaceList-New)。

比较新旧两个 ifaceList，获取旧的 ifaceList 中有而新的 ifaceList 中没有的 List，这部分内容将被删除。

61比较新旧两个 List，获取要新增的 List

接口：List＜Iface＞ getToAddList(List＜Iface＞ ifaceListOld，List＜Iface＞ ifaceList-New)。

比较新旧两个 ifaceList，获取新的 ifaceList 中有而旧的 ifaceList 中没有的 List，这部分内容将新增到库里。

62发布服务

接口：void publishService(String serviceName，List＜Iface＞ ifaceList，String fileId，RFile toRFile，String allMainPath) throws Exception。

发布服务(空间数据服务—数据文件发布服务)。

63去掉 IfaceList 中的 URL 的参数

接口：void removeWenhaoOfIfaceUrl(List＜Iface＞ ifaceList)。

传递 ifaceList，去掉 IfaceList 中的 URL 的参数。

64生成查看地图的 URL

接口：String mapUrlOfResource(Iface iface，String proxyUrl，String realUrl，String showMapMainPath)。

生成查看地图的 URL。

65根据 tag 获取状态字符串

接口：String getStateByTag(int tag)。

传递 tag，返回状态字符串。tag＝3 返回已共享，tag＝4 返回正在代管，tag＝5 返回停止服务。

66删除服务端的临时 token

接口：void deleteServerTransientNotToday()。

删除服务端的临时 token。

67获取 map 项目的地址

接口：String getMapUrl()。

获取配置文件里的 map. url 配置项的值。

68判断资源名称是否已经存在

接口：boolean checkResourceName(String newResourceName)。

传递资源名称，判断该资源名称是否已经存在(true—名称没有重名，可以注册；false—名称重名，不能注册)。

69根据 ifaceType 获取资源中的 Iface

接口：Iface getIfaceFromResourceByIfaceType(Resource resource，IfaceType iface-Type)。

传递 Resource、服务类型，返回该资源该服务类型的 Iface。

70将服务设置为可用状态

接口：void enableIfaceList(List＜Iface＞ ifaceList)。

传递 ifaceList，将 ifaceList 中所有 Iface 的 enable 设置为 true。

71传递 Resource 设置 ArcGIS 服务的反向代理地址

接口：void setProxyUrl(Resource resource)。

传递 Resource，设置反向代理地址，仅支持 ArcGIS 发布的服务。

(72)传递 Resource ifaceList 对象设置反向 ArcGIS 服务代理地址

接口：void setProxyUrl(String resourceId, List<Iface> ifaceList)。

传递 Resource、ifaceList，设置反向代理地址，仅支持 ArcGIS 发布的服务。

(73)设置反向代理

接口：void setProxyUrlAdvance(String resourceId, List<Iface> ifaceList)。

传递资源 ID、ifaceList，设置反向代理(支持 ArcGIS 及 ogcserver 发布的服务)。

(74)获取空间数据库中的图层列表

接口：List<String> getDBLayer(Map<String, Object> connectProperty)。

传递数据库连接字符串，返回空间数据库中的图层列表。

(75)获取空间数据库中的图层列表

接口：List<String> getDBLayer2(Map<String, Object> connectProperty)。

传递数据库连接字符串，获取图层列表，先测试 SDE 连接，再用 SQL 从 layers 表查出图层名。

(76)用空间数据库连接发布服务

接口：void publishDBService(GISService. GDBType gdbType, Map<String, Object> connectProperty, String layerName, List<Iface> ifaceList)。

传递连接类型(空间数据库连接/SDE)、连接字符串、图层名，用该连接发布服务，结果写到 ifaceList 里面。

(77)获取部门的根

接口：Department getDeptRoot()。

所有部门只有一个根的情况下，获取部门的根。

(78)获取部门的根

接口：List<Department> getAllDeptRoot()。

部门中有多个根的情况下，获取部门的根。

(79)获取部门的直接子部门

接口：List<Department> getChildDepartment(String deptId)。

传递部门的 ID，获取该部门的第一层的子部门，按权重升序。

(80)获取所有子部门

接口：List<Department> getAllChildDept()。

获取所有的子部门，类似树，同级按权重排序。

(81)获取某个部门所有的子部门

接口：void getAllChildDept(String deptId)。

传递部门 ID，获取该部门所有的子部门，类似树，同级按权重排序。

(82)获取某个部门及该部门所有的子部门。

接口：List<Department> getAllDept(String depId)。

传递部门 ID，返回该部门及该部门所有的子部门，类似树，同级按权重排序。

(83)获取 Iface

接口:Iface getIface(String id)。

传递 Iface 的 ID,返回 Iface。

(84)获取 Iface 的 List

接口:List<Iface> getIfaces(Collection<String> ids)。

传递多个 Iface 的 ID,返回 List<Iface>。

(85)保存 Iface

接口:Iface saveIface(Iface iface)。

将 Iface 存入 HGP_INTERFACE 表。

(86)删除 Iface

接口:void deleteIface(String id)。

传递 Iface 的 ID,删除该 Iface。

(87)删除多个 Iface

接口:void removeIface(Collection<String> ids)。

传递 Iface 的 ID 的集合,删除对应的多个 Iface。

(88)保存多个 Iface

接口:List<Iface> saveIfaces(Collection<Iface> ifaces)。

传递 Iface 的集合,保存多个 Iface。

(89)根据查询条件查询 Iface

接口:List<Iface> searchIface(IfaceQueryCondition queryCondition,String unionClipType)。

传递查询条件,返回符合条件的 Iface 的 List。

(90)获取某个资源的所有 Iface

接口:List<Iface> getIfaceList(String resId)。

传递资源的 ID,返回该资源的所有 Iface。

(91)获取 RFile

接口:RFile getRFile(String id)。

传递 RFile 的 ID,返回对应的 RFile。

(92)保存 RFile

接口:RFile saveRFile(RFile rFile)。

将 RFile 存入 HGP_RFILE 表。

(93)删除 RFile

接口:void deleteRFile(String id)。

传递 RFile 的 ID,删除该 RFile。

(94)获取关键字

接口:KeyWord getKeyWord(String id)。

传递关键字的 ID,返回对应的关键字。

(95)保存关键字

接口:KeyWord saveKeyWord(KeyWord keyWord)。

将关键字存入 HGP_KEYWORD 表。

○96保存多个关键字

接口:List<KeyWord> saveKeyWords(List<KeyWord> keyWordList)。

将多个关键字存入 HGP_KEYWORD 表。

○97删除关键字

接口:void deleteKeyWord(String id)。

传递关键字的 ID,删除该关键字。

○98删除多个关键字

接口:void removeKeyWord(Collection<String> ids)。

传递关键字 ID 的集合,删除这些关键字。

○99删除多个关键字

接口:void removeKeyWordByEntity(Collection<KeyWord> keyWords)。

传递关键字的集合,删除这些关键字。

2)资源查询接口

①不支持排序的查询资源接口

接口:Page<Resource> findResource(com. mysema. query. types. Predicate predicate, Pageable request)。

传递查询条件,查询资源,其结果分页。

②支持排序的查询资源接口

接口:Page < Resource > searchResource (ResourceQueryCondition queryCondition, Pageable page,int sortType)。

查询资源,支持排序,其结果分页。

queryCondition 是个用于存储查询条件的对象,包含资源名称、用户名称、资源类型、服务类型、注册年份、时间覆盖范围、关键字、目录名称等查询条件。

Page 是用于分页的对象。

sortType 是排序类型,为 0 表示默认排序,也就是按名称排序,为 1 表示按注册时间最新排序,为 2 表示按内容时间最新排序,为 3 表示按申请量排序。

首先解析 queryCondition,然后根据解析结果构造查询表达式,并且以 sortType 作为排序条件,然后从数据库中查出结果,最后用该结果构造出带分页的结果集。

③用于前端专题图层模块的资源查询接口

接口:List < ResourceInfoForMap > getResourceListForMap(int searchType, String searchContent,List<String> serviceType)。

获得用于前端专题图层模块的资源列表。

3)资源草稿箱接口

①获取资源草稿

接口:ResourceDraft getResourceDraft(String id)throws EntityNotFoundException。

传递资源草稿的 ID,返回对应的草稿。

②保存草稿

接口:ResourceDraft saveResourceDraft(ResourceDraft resourceDraft)。

将草稿存入 HGP_RESOURCE_DRAFT 表。

③保存草稿

接口：boolean saveResourceDraft（ResourceDraft resourceDraft，String fileId，String thumbnailFileId）。

将草稿存入 HGP_RESOURCE_DRAFT 表，保存完将文件的 owner 设置为草稿的 ID，将缩略图的 owner 设置为 td＋草稿的 ID。

④删除草稿

接口：void deleteResourceDraft(String id)。

传递草稿 ID，删除该草稿。

⑤获取某个用户的所有草稿

接口：List＜ResourceDraft＞ getUserResourceDraft(String userId)。

传递用户 ID，返回该用户的所有草稿，按时间排序。

⑥获取草稿内容

接口：Map＜String，Object＞ getResourceDraftContent(String resourceDraftId)。

传递草稿 ID，返回草稿的内容，获取完删除草稿。

⑦计算某个用户的草稿箱的数量

接口：int countResourceDraft(String userId)。

传递用户 ID，返回该用户的草稿的数量。

4）资源申请与审批接口

①getMyTypeList

url：$｛server. url｝/plat/getMyTypeList。

参数：userId、type。

说明：根据用户的 ID 和服务类型查询我的资源中该服务的列表。

②returnMapList

url：$｛server. url｝/plat/returnMapList。

参数：paramString、serviceType。

说明：paramString 含 searchType 和 searchContent 参数，searchType：0——按资源名称搜 1——按目录 ID 搜；serviceTyp 指服务名称"wms；arcgis；arcgis 静态切片服务"。

③getUserServiceList

url：$｛server. url｝/interface/getUserServiceList。

参数：userId、serviceType、searchName。

说明：userId——用户 ID，serviceType——服务类型，searchName——服务名称，返回 json 格式数据。

④getUserServiceListForLoginName

url：$｛server. url｝/interface/getUserServiceListForLoginName。

参数：loginName、serviceType、searchName。

说明：loginName——用户登录名，serviceType——服务类型，searchName——服务名称，返回 json 格式数据。

⑤getZlztUserServiceList

url：$｛server. url｝/interface/getZlztUserServiceList。

参数：userId、statu。

说明：userId——用户 ID，statu 0——待审批，1——审批通过，2——审批驳回；当前用户下，获取待审批，审批通过，审批驳回的 json 数据。

⑥tree

url：${server. url}/interface/dirTree。

参数：无。

说明：返回 string 格式的数据。

⑦dirTreeHash

url：${server. url}/interface/dirTreeHash。

参数：无。

说明：返回 json 格式的数据。

⑧getChildrenDepartmentJSON

url：${server. url}/interface/getChildrenDepartmentJSON。

参数：depId。

说明：depId 部门 ID，为空的话，则获取根部门。

⑨getLoginMessage

url：${server. url}/interface/getLoginMessage。

参数：无。

说明：返回 string 格式数据，包含 ID、loginName、name、isTrue。

⑩getCurrentLoginMsg

url：${server. url}/interface/getCurrentLoginMsg。

参数：无。

说明：返回 json 格式数据，包含 name、viewName、isTrue。

⑪getZlztResJson

url：${server. url}/interface/getZlztResJson。

参数：loginName、type。

说明：loginName——登录名称，type——资源服务类型

⑫getUserInfo

url：${server. url}/interface/getUserInfo。

参数：loginName，password。

说明：传入登录名称以及密码，返回 json 格式用户信息 ID、name、isTrue。

5)资源聚合与拆分接口

①聚合拆分服务接口

a. 聚合拆分动态服务展示

接口：byte[] getDynPng（String version，String bbox，String crs，String srs，String width，String height，String resourceId）。

参数说明：Version——版本号；Bbox——当前范围；Crs(srs)——坐标参考，根据版本号来切换使用 CRS 还是 SRS，二者选其一；Width——返回图片宽度；Height——返回图片高度；resourceId——资源 ID。

返回:聚合拆分后的图片。

接口详细描述:在 GIS 客户端调用聚合拆分动态服务时,组织传递参数,从后台获取地图图片并返回到 GIS 客户端显示。根据资源 ID 参数从表中读取到拆分或聚合前的源服务,对源服务进行图片融合或裁剪处理,返回到前台展示。

b. 获取聚合拆分服务元数据

接口:String getWMSCapabilities(StringBuffer url)。

参数说明:url——请求的聚合拆分服务 URL 地址。

返回:聚合拆分服务的元数据信息,目前支持 WMS 服务。

接口详细描述:请求聚合拆分服务元数据时,从 URL 字符串中提取出资源 ID,根据资源 ID 从数据库中读取出原服务信息,对原服务元数据进行分析处理,返回处理后的元数据内容,内容为 XML 格式。

②聚合拆分缓存服务接口

a. 获取聚合拆分缓存服务图片

接口:byte[] getTile(int level, int row, int col)。

参数说明:Level——请求的缓存服务层级;Row——请求的缓存服务行号;Col——请求的缓存服务列表。

返回:聚合拆分缓存服务图片。

接口详细描述:客户端请求聚合拆分缓存服务时,传递层级及行列号参数,在后台获取到这些参数后,先检查系统中是否存在此层级行列号的图片缓存,如存在缓存,则直接从系统缓存中读取地图图片,返回给前端显示。如没有缓存,则根据 URL 获取资源 ID,从数据库中读取出原服务地址及聚合、拆分参数信息,对原服务地址拼接层级及行列号参数,返回地图图片,对图片进行融合或者切割,将处理后的图片返回到客户端展示,流程图与聚合拆分动态服务相同。

b. 保存聚合拆分缓存服务图片

接口:void saveTile(byte[] image, int level, int row, int col)。

参数说明:Image——聚合拆分缓存服务图片;Level——服务层级;Row——服务行号;Col——服务列号。

返回:无。

接口详细描述:调用获取聚合拆分缓存服务图片接口时,对返回的图片进行融合或者切割后,在返回给客户端展示之前,调用此接口将图片存储到系统中,在下次调用获取聚合拆分缓存服务图片接口时,方便直接读取系统中缓存的图片,不需要对聚合拆分缓存服务进行图片的融合或裁剪操作,提高聚合拆分缓存服务的访问效率。

c. 融合图片

接口:byte[] fuseImages(int level, int row, int col)。

参数说明:Level——服务层级;Row——服务行号;Col——服务列号。

返回:对原地图服务融合后的图片。

接口详细描述:客户端请求聚合拆分缓存服务图片时,传递范围、层级、行列号等参数,后台根据这些参数,从数据库中读取原服务地址,分析原服务在此范围、层级行列号中是否存在图片,若不存在,则返回空图片,若存在图片,则对范围内图片进行融合或者裁剪操作。

③聚合拆分要素服务接口

获取聚合拆分要素服务中符合条件的要素。

接口：String getWFSFeatures（Map ＜ String, String ＞ map, String version, String typename）。

参数说明：Map——要素筛选过滤条件，包括空间过滤条件、属性过滤条件；Version——请求的聚合拆分要素服务版本号，版本号符合 OGC 指定的 WFS 服务标准版本号；Typename——请求的聚合拆分要素服务图层列表。

返回：聚合拆分要素服务请求的要素。

接口详细描述：客户端请求聚合拆分要素服务时，从请求地址中获取资源 ID，根据资源 ID 从表中获取原 WFS 服务地址，对该 WFS 使用符合 OGC 标准的 filter 方法进行空间过滤或者属性过滤，并返回过滤后的要素。

6）反向代理接口

①检查用户对某个反向代理地址的请求是否具有访问权限接口

接口：boolean checkProxyRequestHasRight（String userId, HttpServletRequest request）。

参数说明：UserId——用户 ID；Request——发送的请求。

返回：如有权限则返回 true，反之为 false。

接口详细描述：根据用户 ID 和请求的反向代理地址从系统查找是否存在权限缓存，如有缓存，则取出缓存中的权限值，直接进行判断；如无缓存，则从数据库中去查找用户对该地址有无访问权限。

②检查来自客户端的临时 token 是否正确接口

接口：boolean checkTransientToken（String transientTokenFromClient）。

参数说明：transientTokenFromClient——传入的 token 值。

返回：token 正确则返回 true，反之为 false。

接口详细描述：根据用户登录情况查询出用户的 token 是否与传入的 token 值一致，如一致，则返回 true。

③根据反向代理地址返回请求结果

接口：void handleService（ServiceHandler handle, String［］ paths, HttpServletRequest request，HttpServletResponse response）throws Exception。

参数说明：Handle——服务类型的接口，区分 arcgis 服务或 OGC 服务等；Paths——由反向代理地址拆分的字符串；Request——用户发送的请求；Response——返回的请求结果。

返回：无。

接口详细描述：根据反向代理地址中的服务类型，进入到 ArcGIS 或 OGC 处理模块，根据反向代理地址的 ResourceId 值，从数据库中读取出真实的 URL 地址，从用户请求的 Request 中获取请求参数，根据真实 URL 和请求参数获取到请求的结果，返回给用户。

（2）客户端设计

本系统包括资源注册、资源查询、资源申请与审批、资源设置、服务聚合与拆分 5 个模块，如图 4-22 所示。

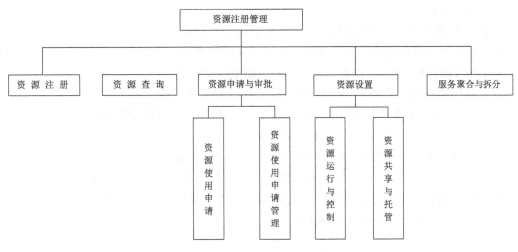

图 4-22　资源注册管理客户端

1)资源注册

功能描述:资源注册模块包括注册与反注册,资源的注册主要用于用户将各种类型的资源注册到平台中以实现共享使用;资源的反注册是将资源在平台中的注册信息删除。这里的删除不是彻底删除,而是通过加标记的方式实现,以便将来恢复。

资源注册是将资源注册到平台中。资源分为 6 种类型:空间数据服务、空间功能服务、属性数据服务、空间数据文件、其他文件和其他资源,如图 4-23 所示。

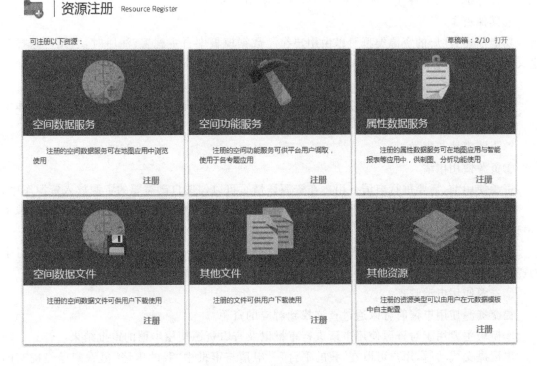

图 4-23　资源注册用户界面

①空间数据服务

功能描述：在注册空间数据服务时,用户可以根据需求在服务链接、数据库链接和数据文件 3 种注册类型中选择其中之一进行服务注册。注册时填写服务的元数据信息。注册后将得到一个新的服务地址,用户查询资源时查到的只能是这个地址。

a. 空间数据服务—服务链接：注册时,要选择注册服务的类型填写相应的 URL,测试通过后,系统将自动获取所填写 URL 中的空间信息,同时用户也可以根据需要修改自动填写的内容。

b. 空间数据服务—数据库链接：注册时,要填写数据库链接,获取相应的数据库,选择需要注册的数据表,填写相应的元数据,注册步骤与空间数据服务—服务链接基本相同。

c. 空间数据服务—数据文件：注册时,要上传该文件资源,并填写文件的元数据信息,注册步骤与空间数据服务—服务链接基本相同。

②空间功能服务

功能描述：用于向客户端提供详细信息和查询部署在服务器上的服务,注册时,用户只需要向系统提供一个可用的空间功能服务地址,即可注册到平台并使用。

③属性数据服务

功能描述：注册属性数据资源,注册时,填写数据库类型、版本、连接字符串、表名及含义。

④空间数据文件

功能描述：用于注册空间数据文件,注册的空间数据文件可供用户下载使用。

⑤其他文件

除空间数据文件外的其他文件：PowerPoint 文件、Excel 文件、Word 文件、PDF 文件以及视频文件等都可以实现注册成为平台中可共享使用的资源。

⑥其他资源

功能描述：注册的资源类型可以由用户在元数据模板中自主配置,注册时,当用户选择自定义的资源类型时,系统会根据其在元数据模板中的定义,自动生成注册界面。

2)资源查询

功能描述：用户可以在资源中心查看所有注册到平台的资源,并且可以通过单击具体资源,查看资源详情。

3)资源申请与审批

①资源使用申请

资源使用前,需要进行申请。用户在资源详情页可以勾选自己需要的资源放入资源车中。

在资源车中,用户可以看到已放入资源车中的资源列表,勾选想要最终申请的资源,单击"申请资源"按钮进行资源申请。

申请资源时,需要填写申请理由,一次申请所有资源填写一个理由即可,但是若用户对个别资源的申请有个别补充,也可以单击资源列表中的填写,提高资源申请的成功率。

②资源使用申请管理

提交资源使用申请时可以通过查询找到对应的资源。

本模块主要用于对资源使用申请进行审批以及查看资源使用申请的审批结果。

申请提交成功后,用户可以在"我的平台"—申请与审批中"我的申请"里看到已经提交的申请。

接受申请的用户则可以在"我的审批"中看到他人的申请,包括申请人、申请时间、申请理由等,用户同意申请,则申请人可以得到资源的使用权。

申请人可以在"我的申请"中看到资源使用申请结果,即是否同意对资源的申请及审批的时间。

同时,申请人可以在"我的资源"中看到已申请到的资源。注意:与自己注册的资源不同,申请使用的资源,申请人只有使用权,没有完全控制权。

4)资源设置

功能描述:在我的平台—我的资源中,用户可以对有完全控制权的资源进行设置,包括编辑资源、删除资源、运行状态控制、共享与托管设置等。

①资源编辑

提供用户资源编辑的入口。

②资源删除

删除服务,该功能具有删除缓冲的效果,在定义的天数之内,该服务可以继续使用。

③资源运行与控制

本模块用于对资源的运行进行控制,包括查询资源、启动资源共享、停止资源共享、删除资源。停止资源共享和删除资源时可以根据情况设置缓冲期,所有使用该资源的用户将接收到通知,缓冲期后才停止资源共享或删除资源。

④资源共享与托管

资源共享与托管主要实现设置资源的免申请共享范围以及资源的管理权限托管。

资源注册到平台时可以设置其免申请共享范围,即指定一些用户,这些用户无须申请就可以使用资源。

资源的管理权限托管指共享发布者可以选择将资源的使用权、申请审批权及运行控制权交给发布代管员。发布代管员在自己的权限范围内将资源托管给别的用户。如果发布代管员同时拥有资源使用审批权和资源运行控制权,则可将这两种权利都交给其他发布代管员;如果发布代管员仅有其中一种权利,则只能把这种权利交给其他发布代管员。

5)服务聚合与拆分

服务聚合与拆分主要针对动态服务、要素服务进行图形间合并以及按区域裁剪,是可以将平台内的服务根据不同的需求进行拆分或聚合的系统,其中,服务聚合支持将多个平台内的服务或者外部服务进行叠加后,输入新服务的名称、别名和类型创建新的服务,创建过程中可预览服务;服务拆分是指服务可以按属性或图形拆分为新的服务。

功能描述:服务聚合类型包含有 WMS 服务以及 ArcGIS REST 服务,需要聚合的服务必须为同一种服务类型。聚合时,选取 5 个以内同类型服务,调整地图的加载顺序,并填写聚合后新服务名称、单位等属性信息,将多个地图融合为一个地图,并生成新的服务地址,返回到前台显示,实现了多服务聚合为一个地图服务地址的功能。

服务拆分实现按选择区域生成新服务功能。支持服务类型包含 WMS 服务、ArcGIS REST 服务以及 WFS 服务,一次只能选取一个服务进行拆分操作,拆分时,选择已选取地图服务的需显示图层,并选择范围,范围选择有两个选项,一是按行政区域列表来选择,支持省、市、县级别行政区域,选择完成后会在地图预览处定位选择的行政区域;二是支持地图划框选择,区域选择完毕后,填写新服务的属性信息,生成拆分新服务地址。

4. 目录管理系统

作为平台服务的一部分,目录管理用于实现目录信息的储存、管理和查询。由超级管理员进行目录的管理和维护(包含增加、删除和修改相应目录的节点),平台中的其他服务可以通过调用目录管理的接口,进行对相应服务和数据资源的查询、检索和定位。

目录管理提供了目录管理接口、目录浏览接口和资源查询接口。这些接口均设计为服务的形式,其中目录管理接口为运维管理系统所调用,目录浏览接口和资源查询接口可以为平台内其他服务所调用。

(1)接口设计

①查询 ldap 中符合条件的资源列表

接口:List＜LdapBean＞ getLdapResourceList(String dnId,String objectclass) throws Exception。

参数说明:DnId——目录 ID;Objectclass——ldap 中 Objectclass 字段值。

返回:ldap 中符合条件资源列表。

接口详细描述:根据目录 ID 及 Objectclass 字段值,从 ldap 中查询出符合条件的资源。

②根据 resourceId 更新 ldap 数据接口

接口:boolean updateLdapResourceById(String resourceId) throws Exception。

参数说明:resourceId——资源 ID。

返回:无。

接口详细描述:根据资源 ID 从库中获取编辑后的数据,更新到 ldap 中。

③清空 ldap 中所有资源接口

接口:boolean removeAllLdaps()。

参数说明:无

返回:布尔值,删除成功为 true,失败为 false。

接口详细描述:在有需要的情况下,如存在大量测试数据,或有大量问题数据,清空 ldap 中所有资源。

④同步资源到 ldap 接口

接口:boolean insertLdapResource(LdapBean ldapBean)throws Exception。

参数说明:根据 ldap 中资源字段组织的数据同步到 LDAP 数据库。

返回:插入成功返回 true,反之为 false。

接口详细描述:在系统中进行资源注册时,组织资源注册时的参数,写入 LdapBean 实体类,调用此接口将资源注册到 ldap 中。

⑤更新 ldap 资源接口

接口:boolean updateLdapResource(LdapBean ldapBean) throws Exception。

参数说明:编辑资源时,根据资源属性传递的 LdapBean 实体类。

返回:更新成功返回 true。

接口详细描述:在系统进行资源编辑时,调用此接口,更新 ldap 中的资源属性。

⑥从 ldap 同步资源到系统库接口

接口:void insertFromLdapResource()throws Exception。

参数说明:无。

返回:无。

接口详细描述:当系统需要同步其他平台资源时,从 ldap 中根据平台关键字,获取除自己上传的资源外的所有资源数据。

(2)功能设计

本系统包括目录展示、目录编辑,如图 4-24 所示。

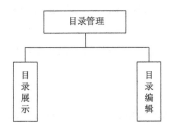

图 4-24　目录管理系统功能图

①目录展示

目录展示划分为服务端接口部分和客户端展示部分。服务端的目录展示包含查看目录、查看目录节点中所包含资源的详细信息(包括资源描述、资源地址等信息)和查询资源。客户端通过调用目录服务接口,对平台中的目录以树状结构展示。

②目录编辑

本模块用于维护平台服务的目录结构,服务目录按照不同的服务类型进行组织,目录管理人员可对服务目录进行增加目录、删除目录、修改目录名称等操作,维护服务目录的准确性与现势性。

5.地理编码服务系统

作为平台服务的一部分,地理编码服务用于将地理实体与地名地址进行关联。平台中的其他服务可以通过调用地理编码服务的接口,根据地名、坐标或其他关键字对地图资源和地理实体资源进行查询、检索和定位,也可以导出相应结果。

地理编码服务系统提供了关键字检索接口和坐标检索接口。这些接口均设计为服务的形式。关键字检索允许使用单关键字进行搜索,也允许使用多关键字进行批量搜索,同时支持导入带有关键字信息的 Excel 文件进行搜索。坐标检索会搜索单个点坐标一定半径范围内的地理实体。

(1)服务端设计

地理编码服务系统服务端集成了开源的搜索服务器 Apache Solr,提供了基于空间信息和基于文本信息(属性信息)的高效强大的搜索功能。

1)Solr 管理接口设计

在 Solr 服务接口的基础上,地理编码服务增加了检索管理接口。

①接口:String enter(Model model) throws Exception。

描述:POI 索引管理。

②接口:String build(String id)throws Exception。

描述:根据 ID 建立索引。

③接口:String del(String id)throws Exception。

描述：根据 ID 删除索引。

④接口：String save(SearchBean bean, Model model)。

描述：新增一条索引记录。

⑤接口：String batchSearch()。

描述：根据配置信息，从 shp 文件保存路径建立要素的索引。

⑥接口：Page<LogInfo> enter(String id, Model model)。

描述：根据 ID 获得日志信息。

⑦接口：String addlog(String resourceId, String userId, String logType, boolean result, String type, String faceType)。

描述：添加一条日志信息。

⑧接口：Page<LogInfo> querylog(String resourceId, String userId, String logType, boolean result, String type, PageRequest page)。

描述：查询日志信息。

⑨接口：Page<String[]> statlog(String resourceId, String userId, String logType, boolean result, String type, PageRequest page)。

描述：统计日志信息。

2）搜索接口设计

Solr 提供强大的搜索功能，根据项目实际需求，充分利用搜索功能。

查询语法：geo:{! geofilt pt={0},{1} sfield=geo d={2}}

描述：缓冲查询（圆查询），根据中心点坐标（经纬度颠倒）pt，结合搜索半径 d，搜索出符合条件的空间实体。

查询语法：title:{0} OR poi_address_s:{1}。

描述：属性查询，根据 POI 属性信息中的标题信息或地址信息，搜索出符合要求的空间实体。

（2）客户端设计

本系统包括地理编码检索、检索结果展示两个部分，如图 4-25 所示。

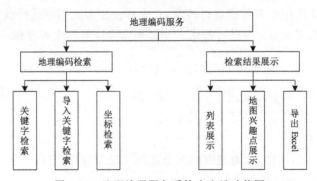

图 4-25　地理编码服务系统客户端功能图

1）地理编码检索

地理编码检索划分为服务端接口部分和客户端展示部分。服务端的检索通过调用 Solr 的检索功能实现。客户端通过调用检索服务接口，对关键字、导入关键字、坐标进行相应的查询,返回符合期望的地理实体。

2)检索结果展示

检索结果展示用于展示检索返回结果,将结果分别以 POI 的形式展示在地图上,以分页列表形式展示在结果栏中,同时提供结果导出服务。

6. 三维地图服务系统

作为平台服务的一部分,三维地图服务系统提供三维场景中的共享管理服务、三维地图功能服务及二次开发接口,以实现便捷开发网络环境下全省一体化的分布式三维地图服务系统,为水利决策提供非常直观的技术支撑。

三维地图服务系统提供了模型和标注的共享管理服务、三维浏览、导航定位、信息查询、服务聚合等三维地图服务。这些接口均设计为服务的形式,实现跨地区、跨部门三维地图资源的互联互通和集成应用。

(1)服务端设计

1)服务器端服务接口

三维地图服务器端服务接口主要实现三维数据共享的功能,提供了标注上传接口、获取标注列表接口、删除标注文件接口、模型上传接口、获取模型列表接口、删除模型文件接口。

①接口:Map<String,Object> labelsUpload(String uploadFolder,String userName)。

描述:根据标注分类和用户名上传标注文件到服务器端。

②接口:Map<String,Object> getLabels(String folder,String userName)。

描述:根据标注分类和用户名获取用户共享标注列表。

③接口:Map<String,Object> deleteLabel(String timeFile,String fileFloder,String userName)。

描述:根据标注所在时间戳文件夹、标注分类和用户名删除用户共享标注。

④接口:Map<String,Object> modelsUpload(String username,String txtName,String folderName,String p1,String p2,String p3,String p4,String p5,String p6,String p7,String p8,String p9)。

描述:根据用户名、模型坐标文件名、模型类型以及模型坐标参数上传模型到服务器端。

⑤接口:Map<String,Object> getModels(String folder,String userName)。

描述:根据模型分类和用户名获取用户共享模型列表。

⑥接口:Map<String,Object>deleteModel(String timeFile,String username,String fileFloder)。

描述:根据模型所在时间戳文件夹、模型分类和用户名删除用户共享模型。

变量说明如表 4-13 所示。

表 4-13 变量说明表

变量名称	说明
对象 ID(ObjectID)	三维图层树中所有元素都有唯一 ID,可以通过图层树遍历得到,如"0_4210411398"
对象(Object)	三维图层树中对象,可以通过对象 ID 得到

续表

变量名称	说明
飞行过程中暂停浏览当前视点（CurrentPoint）	通过暂停控制得到
模型位置对象（ModelPosition）	由方法 CreateModelPosition 创建得到，表示模型位置的对象
鼠标单击位置数组对象（MousePositionInfo）	长度为 8 的数组，分别表示 X 坐标，Y 坐标，高程，高程的类型（0 为相对高度，1 为定位支点在模型中心，2 为在地形上创建模型，3 为绝对高度），视点和位置的偏移角度，视点和位置的俯仰角度，视点和位置的翻滚角度，距离点坐标的距离

2）客户端服务接口

客户端服务以 JavaScript API 形式提供，通过这个 API 可以容易地建立和部署三维应用，主要包括以下部分：

①三维场景建立。支持三维场景的建立、三维地图的加载；

②三维地图基础类操作。三维场景浏览、图层管理、视点管理、标注管理、模型管理等；

③三维地图基本操作。包含常用三维场景的视线、视域、坡度等分析功能，距离、面积、高程等量测功能；

④地图搜索。提供通过关键字搜索三维地图中要素的方法，并实现要素定位；

⑤功能服务聚合。可添加专题图、降雨等值线等多类服务；

⑥二三维联动。实现三维地图和二维地图的位置联动、服务联动等功能。

（2）客户端设计

本系统包括三维地图浏览、图层管理、搜索分析、二三维联动、功能服务聚合和数据共享 6 个模块，如图 4-26 所示。

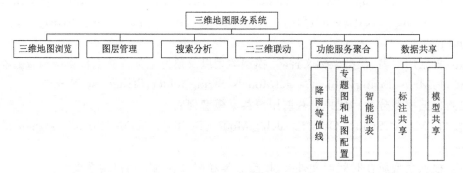

图 4-26　三维地图服务系统功能图

1）三维地图浏览

功能描述：三维地图浏览包括缩放到江苏省全图、距离量测、面积量测、高程量测及清除工具，实现用户浏览三维地图时做的一些基本量测操作。

①缩放到江苏省全图

功能描述：在单击"江苏省"按钮时，三维地图自动跳转到江苏省全图视角，显示江苏省三维地图的全貌，以便于用户进行下一步操作。

②距离量测

功能描述:提供基本的三维距离量测功能,包括水平距离、空间距离和垂直距离。

水平距离:三维场景中,两个量测点在水平方向上的实际距离。

空间距离:三维场景中,两个量测点在三维空间上的实际距离。

垂直距离:三维场景中,两个量测点在垂直高度上的实际距离。

③面积量测

功能描述:提供基本的三维面积量测功能,包括地形面积和 3D 面积。

地形面积:针对地形进行的面积量测,可显示水平面积和地表面积量测结果。

3D 面积:针对模型进行的面积量测,显示所选模型部分的面积和周长。

④高程量测

功能描述:显示所选量测点的高程信息。

⑤清除工具

功能描述:清除三维分析中的画图痕迹,并结束三维分析功能。

2)图层管理

功能描述:图层管理主要包括二维数据、三维模型、视点、标注、路径等图层的显示浏览和定位,本地和共享数据的添加、删除、显示和定位,其中,本地数据包括模型、标注、服务和视点,共享数据包括平台中共享的模型、标注和服务。

①图层显示和定位

功能描述:通过勾选图层(二维数据、三维模型、视点、标注)控制图层显示状态,单击相应图层名定位到具体的图层元素。

②路径交互式浏览

功能描述:提供多种模式(飞行模式、驾驶模式)浏览三维路径,并通过"开始""暂停""继续""停止"进行浏览控制,在此过程中可从上、左、右多个视角浏览飞行路径。

浏览模式:提供飞行模式、驾驶模式两种模式,飞行模式即用户在飞行器外部浏览路径,驾驶模式即用户在飞行器内部浏览路径。

浏览控制:控制飞行过程的开始、暂停、继续和停止。

多视角浏览:从上、左、右多个视角浏览飞行路径。

③添加本地数据

功能描述:可添加本地模型(.xpl、.xpl2、.x、.3ds.dae 格式)、标注(.fly)、服务和视点,添加后,这些本地数据会自动加载到三维图层树本地列表对应的类型中。

④添加共享数据

功能描述:可添加平台共享的模型、标注和服务,这里模型根据类型分为 11 类:地形、交通要素、植被要素、水系要素、管理站房、枢纽、船闸、桥梁、水文站、辅助设施和其他,标注根据市级行政区分为 13 类。添加后,这些共享数据会自动加载到三维图层树共享列表中。

3)搜索分析

功能描述:通过输入三维地图元素关键字,查询三维地图图层树中包含该关键字的元素,显示搜索到的元素所在的具体图层位置,并提供元素的定位。

提供多种形式的三维分析工具,包括视线分析、视域分析、坡度分析,并可根据需要设置视域分析结果的相应显示效果。

①地图搜索

功能描述:针对三维地图中元素名称的关键字进行模糊检索,可显示包含该关键字的所有地图元素条数,地图元素的名称及地图元素所在的具体图层,单击搜索结果可实现该元素的快速定位。

②三维分析

功能描述:通过三维分析工具提供三维地图中特有的空间分析功能,包括视线、视域和坡度3种分析方式。

视线分析:通过选定起始观察点和目标观察点,启动视线分析工具,根据视线颜色判断观察点到目标点是否可见。

视域分析:通过选定起始观察点和目标观察点,启动视域分析工具,根据视域分析区域中颜色的不同判断观察点到目标点的可见区域和不可见部分,用户还可以根据需求自己设置视域分析结果的相应属性。

坡度分析:针对三维地图中的地形部分,通过拉框选取需要分析的地形区域,根据不同的显示效果判断所分析地形的坡度缓急,这里提供了3种坡度情况的表现形式,分别为颜色表示、箭头表示和颜色箭头表示。

4)二三维联动

功能描述:提供二三维地图列表展示,通过二三维地图的位置变化实现互相联动,也可以切换二三维分屏、三维全屏、二维全屏多种显示模式,以更加清楚、方便地浏览二三维地图。另外,可在二三维地图中同时添加共享和本地两种方式的二维地图服务,并可同时控制地图服务的显示及删除。

①二三维地图列表

功能描述:展示基础的二三维地图列表,三维图层中包括二维数据、三维模型、视点、标注等多类元素,二维地图列表包括二维底图及用户需要的一些二维地图服务,可通过基础地图查看二三维位置联动的效果。

②添加、删除二维地图服务

功能描述:提供两种方式的二维地图服务添加,即共享服务和本地服务,二维服务添加后即可显示在相应的三维和二维服务列表中,用户可通过列表同时控制二三维地图中所添加服务的显示、隐藏和删除。

③二三维地图位置联动

功能描述:通过三维地图位置变化引起二维地图位置变化,同时,可通过二维地图位置变化引起三维地图位置变化,以实现二三维地图在位置上的基本对应。

5)功能服务聚合

功能描述:通过读取总平台中降雨等值线、智能报表、专题图和地图配置服务列表,在三维地图中实现这些服务的添加、显示和删除。

①降雨等值线

功能描述:读取平台中的降雨等值线列表,选择添加后,降雨等值线添加到三维地图中,用户可通过已添加列表控制服务在三维地图中的显示和删除。

②专题图和地图配置

功能描述:读取平台中的专题图和地图配置服务列表,选择添加后,符合三维规范的专题图和地图配置服务(点、线、面、标注和图片)会添加到三维地图中,用户可通过已添加列表控制服务在三维地图中的显示和删除。

③智能报表

功能描述:读取平台中的智能报表列表,选择后可在新的页面中打开该用户可使用的智能报表。

6)数据共享

功能描述:包括标注共享和模型共享,提供总平台中用户已共享和已上传的标注及模型列表,并可实现标注和模型的添加和共享。

①标注共享

功能描述:提供平台中的共享标注列表,用户可通过设置标注颜色、字体大小和名称来新建标注,并把当前新建的标注保存到本地,再选择已保存的标注文件,实现标注文件的添加、上传,上传后可通过总平台注册页面完成标注文件的注册共享。

新建标注:通过设置标注颜色、字体大小和标注名称在三维地图上添加标注,添加后会显示新建标注列表,提供新建标注的移动和删除,并可以将新建标注保存为本地 fly 文件。

标注上传:选择本地新建标注文件,添加到三维地图场景中,可进行所选标注的查看、删除、上传和批量上传,上传后标注文件显示到已共享列表中,可对上传标注文件进行删除和注册。

标注注册:注册已共享列表中的已上传标注文件,可跳转到总平台注册页面进行标注注册,实现用户的标注共享。

②模型共享

功能描述:提供平台的共享模型列表,用户可选择本地单个模型添加到三维地图场景中,也可以选择带贴图的模型压缩包,上传到服务器并实现上传模型的共享。

单个模型上传:选择本地模型文件,通过放置或者选择坐标文件将模型文件添加到三维地图中,可实现模型的移动、设置偏转度后进行模型上传,上传后模型文件显示到已共享列表中,可进行删除和注册。

带贴图的模型上传:选择带贴图的本地模型文件压缩包,压缩包包括本地模型文件、模型贴图文件和模型坐标文件,上传压缩包到服务器,上传后模型文件显示到已共享列表中,可进行删除和注册。

模型注册:注册已共享列表中的已上传模型文件,可跳转到总平台注册页面进行模型注册,实现用户的模型共享。

7. 数据采集系统

作为平台服务的一部分,数据采集包括用户管理、权限管理、数据的采集、存储、共享与编辑。系统由服务端与移动端共同组成,移动端包括 iOS、安卓与 Windows 平台的客户端软件,提供采集、资源浏览等功能,实现对空间数据、多媒体数据的收集;服务端提供用户管理、权限配置、采集数据存储、管理与编辑、设备位置监控等功能,已采集数据可通过平台的"Web"采集功能进行访问,用户可任意选择已采集的数据创建新的自定义服务并发布,实现了从数据采集、在线管理到自助发布的完整功能链。

（1）移动端采集系统

1）服务端设计

接口设计如下。

①用户登录接口

接口：http：//x. x. x. x：port/slxc. server/mobile/user/login

参数 username 为用户名，类型 String；参数 password 为密码，类型 String。

描述：移动采集系统根据用户名和密码进行登录。

返回：验证成功返回 true，验证失败返回 false。

②图层信息接口

接口：http：//x. x. x. x：port/slxc. server/mobile/featurelayers/get

参数 username 为用户名，类型 String。

返回：根据用户名，获取该用户在移动设备中显示的图层信息。

③上传工作集接口

接口：http：//x. x. x. x：port/slxc. server/mobile/worksetWeb/upload

参数 ID 为工作集的标识，类型 String；参数 name 为工作集的名称，类型 String；参数 user 为创建的用户，类型 String；参数 location_name 为当前用户所在的地理位置，类型 String；参数 description 为工作集的描述信息，类型 String；参数 isFinished 为标识工作集是否完成，类型 String；参数 isAutoSync 为标识工作集是否自动同步，类型 String；参数 coordinate 为当前工作集所在的坐标，类型 String；参数 isLocationTracked 是否显示用户轨迹，类型 String；参数 isOnlineLayerDisplayed 是否使用在线图层，类型 String；参数 cityCode 为所在区域编码，类型 String；参数 encode 为数据的编码设定，类型 String。

描述：提交工作集信息到移动端后台。新增和修改通用接口。

返回：验证成功，返回图层配置信息 JSON；验证失败，返回错误信息。

④获取工作集列表接口

接口：http：//x. x. x. x：port/slxc. server/mobile/worksetWeb/getList

参数 user 为用户名，类型 String；参数 name 为工作集名，类型 String；参数 cityCode 为地区编码，类型 String。

描述：根据参数查询工作集列表。

返回：验证成功，返回工作集集合 JSON；验证失败，返回错误信息。

⑤删除工作集接口

接口：http：//x. x. x. x：port/slxc. server/mobile/worksetWeb/delete

参数 user 为用户名，类型 String；参数 ID 为工作集 ID，类型 String。

描述：根据用户名和工作集的 ID 删除工作集信息。

返回：删除成功，返回 true；删除失败，返回错误信息。

⑥获取用户 GPS 数据接口

接口：http：//x. x. x. x：port/slxc. server/mobile/gps/getgps

参数 userid 为用户的账号，类型 String。

描述：查询指定移动设备用户的 GPS 信息。

返回：验证成功，返回指定用户的 GPS 信息，数据格式 JSON；验证失败，返回错误信息。

⑦获取所有用户 GPS 数据接口

接口：http：//x. x. x. x：port/slxc. server/mobile/gps/getgps

参数：无。

描述：查询所有移动设备用户的 GPS 信息。

返回：验证成功,返回所有用户的 GPS 信息,数据格式 JSON;验证失败,返回错误信息。

2)移动端设计

①界面设计

在移动采集客户端软件中,主要功能页面分为两部分。

工作集管理页面。该页面分左侧工作集列表及右侧工作集详情两部分。左侧包括"菜单"按钮、"新建工作集"按钮、"搜索"按钮及工作集列表,用户可在此处新建、搜索工作集,通过"菜单"按钮打开菜单或单击某一工作集查看具体内容。右侧包括"编辑工作集"按钮、"同步"按钮及工作集详情子页面,同时新建工作集等子页面也在右侧显示,用户可在此处浏览已选中工作集的属性或编辑工作集,也可单击此处的"地图"按钮进入地图与采集界面。

地图浏览与数据采集页面。该页面包括地图浏览界面、菜单栏、数据采集子页面、图层与采集数据管理子页面、采集数据搜索子页面。用户可在此页面浏览地图、切换图层显示状态、采集新数据、管理已采集数据及搜索已采集数据。

②功能设计

根据总体设计,该系统功能结构如图 4-27 所示。

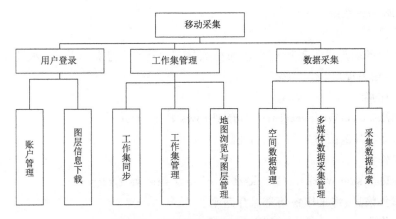

图 4-27　移动采集系统功能结构图

a. 账户管理

功能描述：客户端用户使用分配的用户名与密码登录系统,成功后系统将自动获取该用户的相关信息及有权限浏览的图层信息。账户管理模块包括登录、退出功能。

b. 图层信息下载

功能描述：客户端用户成功登录后,系统会自动下载该用户的图层信息列表并存储。用户可以在地图浏览与图层管理模块中管理图层信息。

c. 工作集同步

功能描述：客户端用户成功登录后,可以选择同步工作集,系统将自动对比本地的工作集数据与服务器端的工作集数据并进行下载、上传、更新或删除操作以保持本地与服务器的数据相同并均为最新。工作集同步模块包括同步当前选中工作集与同步所有工作集功能。

d. 工作集管理

功能描述：客户端用户成功登录后，用户可以查看、编辑、添加、删除本地工作集，所有修改在与服务器同步后会应用到服务器端。

e. 地图浏览与图层管理

功能描述：客户端用户可在地图页面浏览地图，自定义各个图层的可见性，同时允许用户下载图层数据到本地供离线浏览。地图浏览与图层管理模块包括浏览地图、图层可见性修改、下载图层数据、定位当前位置功能。

f. 空间数据管理

功能描述：客户端用户可在空间数据管理页面查看已采集的数据，编辑已采集数据的属性或删除已采集数据。

g. 多媒体数据采集管理

功能描述：客户端用户可在空间数据编辑页面管理该数据包含的多媒体数据信息。用户可将通过拍照、摄像或从设备存储中选择等方式获取的多媒体数据"绑定"给正在编辑的已采集数据上。

h. 采集数据检索

功能描述：客户端用户可在数据检索页面通过多种方式在已采集数据中检索。采集数据检索包括根据 ID 与名称检索、根据类型检索、绘制空间区域检索等功能。

（2）Web 端采集系统

1）服务端设计

在线采集服务端提供了工作集管理的相关接口、GPS 信息获取接口、水利要素编码生成接口、城市编码相关接口。

①获取工作集

接口：Workset getWorkset(String id) throws Exception。

传递工作集 ID，返回对应的工作集信息。

②新建工作集

接口：boolean saveWorkset(Workset workset) throws Exception。

传递工作集信息，将工作集信息保存起来。

③更新工作集

接口：boolean updateWorkset(Workset workset) throws Exception。

传递工作集信息，用其更新工作集。

④删除工作集

接口：boolean deleteWorkset(String id) throws Exception。

传递工作集 ID，删除对应的工作集。

⑤查询工作集

接口：List＜Workset＞searchWorkset(String name,String place) throws Exception。

传递工作集的名称和城市，将相关工作集搜索出来，此结果为全部符合条件的查询结果。

⑥查询工作集（用于分页）

接口：Page＜Workset＞searchWorksetPage(String name,String place, Pageable page) throws Exception。

传递工作集的名称和城市,将相关工作集检索出来,支持分页。

⑦获取所有 GPS 设备的信息

接口:Map<String,Object> getGPSInfo() throws Exception。

获取所有 GPS 设备的信息,包括用户名、坐标、时间等信息。

⑧生成水利要素编码

接口:Map<String,Object> getHydroCode(String layerName,String geometryPath)。

传递图层名称和 geometry 信息,生成水利要素编码并返回。

⑨获取所有的城市编码

接口:List<CityCode>getAllCityCode()。

获取所有的城市编码。

⑩获取某个城市的编码

接口:CityCode getCity(String cityCode)。

传递城市编码,返回该城市的信息。

2)客户端设计

①界面设计

在线采集系统用于在 Web 端对水利要素进行采集工作。包括工作集查询、工作集管理、采集、纠错、采集设备显示等功能。采集之前需要新建一个工作集,打开工作集后进行采集。

②功能设计

a. 工作集查询

功能描述:根据工作集名称及所在城市查询出相关的工作集。打开工作集后可以进行采集、纠错、显示采集设备等操作。

b. 工作集管理

功能描述:工作集管理包含工作集的创建、编辑、删除功能。

c. 采集

功能描述:选择采集要素类型后可以直接在地图上进行采集。可以为采集要素编辑采集名称、描述、图片、视频等信息。

d. 纠错

功能描述:主要是提供对已加载数据的纠错功能,分为图形纠错和属性纠错。纠错信息可以反馈到后台,供数据编辑人员进行确认,实现数据的校验。

e. 采集设备显示

功能描述:列出采集设备的相关信息,包括用户、坐标、时间等信息。单击左侧的设备列表,还可以在地图上定位到设备所在位置。

8. 运维管理系统

作为平台服务的一部分,运维管理包括用户管理、权限管理、审批管理、服务监控巡检、资源统计、新闻公告、日志管理、站点管理、云端运维、Portal 设置等,实现对资源的访问进行监控管理,保障系统的正常运行。运维管理服务为平台门户网站所调用,其结果在平台门户网站的"我的平台"栏目中展示出来。

(1)服务端设计

1）角色管理

①根据 ID 获取角色接口

接口：Role getRole(String id) throws EntityNotFoundException。

参数说明：Id——角色 ID。

返回：角色实体对象。

详细描述：根据角色 ID 从数据库中读取角色信息。

②根据 ID 批量获取角色接口

接口：Map<String, Role> mgetRoles(Collection<String> ids)。

参数说明：Ids——角色 ID 列表。

返回：角色 map，key 为角色 ID，value 为角色。

详细描述：根据角色 ID 列表从数据库中读取角色信息，并封装为 MAP 对象。

③根据角色名获取角色接口

接口：Role getRoleByName(String name)。

参数说明：Name——角色名称。

返回：角色实体对象。

详细描述：根据角色名称从数据库中读取角色信息。

④查找具有分页的角色接口

接口：Page<Role> findCustomRoles(String name，Pageable request)。

参数说明：Name——角色名称；Request——分页参数。

返回：分页的角色信息。

⑤根据角色名称获取自定义角色接口

接口：List<Role> getCustomRoles(String name)。

参数说明：Name——角色名称。

返回：角色列表。

详细描述：根据角色名从数据库中查询符合条件的自定义角色列表。

⑥根据名称获取所有自定义和内置角色接口

接口：List<Role> getCustomAndConstantRoles(String name)。

参数说明：name——角色名。

返回：角色列表。

⑦用户添加角色接口

接口：Role addUserToRole(User User)。

参数说明：User——用户实体对象。

返回：保存的角色实体对象。

⑧将一个部门加入角色接口

接口：Role addDepartmentToRole(Department dept)。

参数说明：dept——部门实体对象。

返回：保存的角色实体。

⑨保存角色接口

接口：Role saveRole(Role role)。

参数说明：Role——角色实体对象。

返回：保存的角色实体。

⑩删除角色接口

接口：void remove(String roleId)。

参数说明：roleId——角色 ID。

返回：无。

2）权限管理

①保存权限接口

接口：Privilege savePrivilege(Privilege privilege)。

参数说明：Privilege——封装的权限实体类；privilege 内部对象。

返回：返回保存后的权限实体对象。

详细描述：在前台配置权限后，将配置的参数提交到该接口，接口将参数组织为 Privilege 实体类，并保存到数据库中。

②删除权限接口

接口：void deletePrivilege(String nodeId,Role role)。

参数说明：NodeId——运维管理中功能标识符；Role——角色对象。

返回：无。

详细描述：根据功能标识符和角色对象，从数据库中删除相应权限。

③根据运维功能标识符和权限类别，获取权限列表接口

接口：List＜Privilege＞ getPrivilegesByNode(String nodeId, int operation)。

参数说明：NodeId——运维管理中功能标识符；Operation——权限类别，0 为空，1 为查看，2 为编辑，4 为管理。

返回：符合条件的权限实体列表。

详细描述：根据运维功能标识符和权限类别，从数据库查找符合条件的权限实体对象。

3）巡查管理

①在检查点开始检查所有资源接口

接口：void beginCheck(CheckPoint chk) throws Exception。

参数说明：chk——检查点，定时检查参数。

返回：无。

详细描述：对系统中所有资源进行检查，判断是否可用，并将检查结果写入数据库中。

②根据资源名称获取该资源一天的检查结果接口

接口：List＜CheckResult＞ getCheckResultByNameList(String name)。

参数说明：Name——资源名称。

返回：检查结果列表。

③查询当前检查点检查结果接口，带分页

接口：Page＜CheckResult＞ queryCheckResult(Pageable page)。

参数说明：Page——分页参数。

返回：带分页的检查结果。

④查询当前检查点检查结果列表接口

接口:List<CheckResult>getCheckResultList()throws Exception。

参数说明:无。

返回:检查结果列表。

⑤查询不稳定(10 天内状态有反复)的 CheckResult 列表接口

接口:Page<CheckResult> getUnstableCheckResult(Pageable page)。

参数说明:Page——分页参数。

返回:带分页的检查结果。

⑥获取上次检查时间接口

接口:String getCheckResultTime()throws Exception。

参数说明:无。

返回:上次检查时间。

4)服务器巡查

①新建监测点接口

接口:CheckServer createCheckServer()。

参数说明:无。

返回:保存的检查点记录。

详细描述:向数据库中插入一条检查点记录,并返回已保存的记录。

②根据检查点检查服务器接口

接口:void beginCheck(CheckServer checkServer)。

参数说明:CheckServer——检查记录。

返回:无。

详细描述:根据检查点的时间,开始检查服务器是否可用,并将检查结果保存到数据库中。

③获取检查点接口

接口:CheckServer getCheckServer(String id)。

参数说明:Id——检查点 ID。

返回:检查记录。

详细描述:根据检查点 ID 从数据库中查找出检查记录。

④根据检查日期得到最近检查列表接口

接口:List<CheckServer> getCheckServerList()。

参数说明:无。

返回:检查列表。

⑤获取上次检查时间接口

接口:String getCheckResultTime()。

参数说明:无。

返回:上次检查时间。

⑥根据 IP 地址获取检查记录列表

接口:List<CheckServer> getCheckServerByNameList(String ip)。

参数说明:ip——IP 地址。

返回:检查列表。

详细描述：根据 IP 地址，从数据库检查表中查找出符合条件的检查记录。

5）新闻公告

①接口：News getNews(String id)

详细描述：根据 ID 获取指定的新闻，参数为新闻 ID。

②接口：void addNews(News news)

详细描述：添加新闻，参数为新闻。

③接口：void saveNews(News news)

详细描述：保存新闻，参数为新闻。

④接口：void deleteNews(String id)

详细描述：删除指定 ID 新闻，参数为新闻 ID。

⑤接口：void removeNews(Collection<String> ids)

详细描述：删除新闻集合，参数为新闻 ID 集合。

⑥接口：public Page<News> searchNews(String keywords，String type，String begin，String end，Pageable page)throws Exception

详细描述：根据条件查找新闻，参数为关键字、类型、开始时间、结束时间和分页。

6）目录管理

①根据目录 ID 获取目录接口

接口：Directory getDir(String dirId)。

参数说明：dirId——目录 ID。

返回：目录对象。

②根据目录类型获取目录根节点接口

接口：List<Directory> getRootDirs(int dirType)。

参数说明：dirType——目录类型。

返回：目录根节点。

③根据目录 ID 获取子目录接口

接口：List<Directory> getChildDirs(String dirId)。

参数说明：dirId——目录 ID。

返回：子目录列表。

④添加目录接口

接口：Directory saveDir(Directory resDir)。

参数说明：resDir——目录对象。

返回：已保存的目录对象。

⑤根据目录 ID 删除目录接口

接口：void deleteDir(String dirId)。

参数说明：dirId——目录 ID。

返回：无。

⑥获取指定类型的整个目录树接口

接口：List<Map<String，Object>> getDirectoryTree(int dirType)。

参数说明：dirType——目录类型。

返回：目录树列表。

⑦改变两个目录顺序接口

接口：void changeWeight(String sourceDirId,String targetDirId)。

参数说明：sourceDirId——源目录 ID；targetDirId——目标目录 ID。

返回：无。

⑧按类型和名称检索目录接口

接口：List<Directory> searchDirs(int type,String title)。

参数说明：type——目录类型；title——目录名称。

返回：符合条件的目录列表。

⑨根据目录 ID 列表获取目录接口

接口：List<Directory> getDirectory(List<String> ids)。

参数说明：ids——目录 ID 列表。

返回：符合条件的目录。

⑩根据目录 ID 获取子目录 JSON 对象接口

接口：JSONArray getChildrenDepartmentJSON(String id, int fetchLevel)。

参数说明：id——目录 ID；fetchLevel——子目录级数，0 为所有层级。

返回：满足条件的目录，封装为 JSONArray 对象。

⑪根据目录名称获取目录接口

接口：List<Directory> getDirByName(String name)。

参数说明：name——目录名称。

返回：符合条件的目录对象列表。

7）日志管理

①写日志接口

接口：void writeLog(LogInfo logInfo)。

参数说明：logInfo——封装的日志实体对象。

返回：无。

详细描述：将封装的日志实体对象写入 solr 中，日志实体对象包含用户 ID、资源 ID、日志类型、时间、操作结果、日志详细、数据或服务的接口类型、服务或数据类型、开始和结束时间以及行列层级号字段。

②获取日志接口

接口：Page<LogInfo> getLogs(LogInfo logInfo,PageRequest pageRequest)。

参数说明：logInfo——封装的日志实体对象；pageRequest——分页参数，从多少行开始，每页多少行等。

返回：具有分页的日志对象。

详细描述：根据传入的日志实体，从数据库中查找出符合条件的带有分页的日志。

③统计日志接口

接口：Page<String[]> statLog(LogInfo logInfo,PageRequest pageRequest)。

参数说明：logInfo——封装的日志实体对象；pageRequest——分页参数，从多少行开始，每页多少行等。

返回:具有分页的数组对象,数组中存储名称和个数。

详细描述:根据传入的日志实体,从数据库中查找出符合条件的日志,根据日志统计出个数并返回。

④统计日志总数接口

接口:long countLog(LogInfo logInfo)。

参数说明:logInfo——封装的日志实体对象。

返回:日志总个数。

详细描述:根据日志实体对象从 solr 服务器中查询出符合条件的日志总个数。

8)Portal 设置

①获取所有 Portlet 容器接口

接口:Collection<PortletApp> getPortletApps()。

参数说明:无。

返回:portlet 容器对象集合。

详细描述:从配置文件中读取所有配置的 portlet 容器。

②根据 ID 获取 portlet 记录接口

接口:Portlet getPortlet(String id)。

参数说明:id——portlet 容器 ID。

返回:portlet 实体对象。

详细描述:根据 portlet 容器 ID 从数据库中获取 portlet 记录。

③获取所有 portlet 记录接口

接口:List<Portlet> getPortlets()。

参数说明:无。

返回:portlet 记录列表。

④保存 portlet 接口

接口:Portlet savePortlet(Portlet portlet)。

参数说明:Portlet:portlet 实体对象。

返回:已保存的 portlet 实体对象。

⑤删除 portlet 记录接口

接口:void removePortlet(String id)。

参数说明:id:portlet 容器 ID。

返回:无。

⑥根据所有者获取 portal 记录接口

接口:Portal getPortal(String owner)。

参数说明:owner——由 role_或 user_拼接角色或用户 ID 的字符串,值也可以为 global。

返回:Portal 实体对象。

⑦根据用户 ID 获取 portal 记录接口

接口:Portal getUserPortal(String userId)。

参数说明:userId——用户 ID。

返回:portal 实体对象。

⑧根据 portlet 对象获取生成容器源代码接口

接口:String renderPortlet(Portlet portlet)。

参数说明:Portlet——portlet 实体对象。

返回:生成容器的源代码。

⑨保存 portal 对象接口

接口:Portal savePortal(Portal portal)。

参数说明:Portlet——portlet 实体对象。

返回:已保存的 portlet 实体对象。

⑩重置所有用户页面接口

接口:void resetUserPortals()。

参数说明:无。

返回:无。

9)站点管理

①接口:public String Post(String url,String jsonString)throws Exception

详细描述:根据参数请求站点相关信息,参数为 url 和 json 字符串。

②接口:public String createToken() throws Exception

详细描述:创建普通用户的 token。

③接口:public String buildUrl(String url,String token)

详细描述:构建带 token 的请求 url,参数为 url 和 token。

10)云端管理

接口:public String createAdminToken() throws Exception

详细描述:创建管理员的 token。

11)元数据管理

①根据模型名称获取模型字段信息接口

接口:Map<String,String> getFieldsByType(String type)。

参数说明:模型名称。

返回:包含字段名和字段标题的键值对。

详细说明:根据模型名称,从表中读取出字段名、字段标题。

②获取模型字段值接口

接口:Map<String,String> getValuesByIdType(String id,String type)。

参数说明:id——注册的资源 ID;type——模型名称。

返回:元数据字段名、字段值的键值对。

详细描述:根据注册资源 ID 以及模型名称,从元数据表中读取出字段名、字段值的键值对。

③获取元数据记录接口

接口:Metadata getByRef(final String refId,String type)。

参数说明:id——注册的资源 ID;type——模型名称。

返回:根据 Metadata 实体类组织的元数据记录。

详细描述:根据注册资源 ID 以及模型名称,从元数据表中读取相关记录。

④元数据查询接口

接口:List<Metadata> search(Specification<Metadata> specification,String type)。

参数说明:Specification——查询条件;type——模型名称。

返回:元数据记录列表。

详细描述:根据组织的查询条件以及模型名称,从元数据表中查询出相关记录列表。

⑤元数据查询分页接口

接口:Page<Metadata> search(Specification<Metadata> specification,Pageable pageable,String type)。

参数说明:Specification——查询条件;Pageable——分页参数;type——模型名称。

返回:元数据记录列表。

详细描述:根据组织的查询条件、分页参数以及模型名称,从元数据表中查询出相关记录列表。

⑥创建和更新元数据记录统一接口(字段一致情况下使用)

接口:Metadata save(String refId,String type,Object defaultValue)。

参数说明:refId——元数据 ref_id;type——模型名称;defaultValue——包含元数据键值对。

返回:新建或更新成功的元数据记录。

详细描述:根据模型唯一 ID 和模型名称查询元数据表中记录,如果查询不到记录,则根据 defaultValue 新增元数据记录,否则更新。适用于字段一致的元数据模型。

⑦创建和更新元数据记录统一接口(自定义字段)

接口:Metadata save(String refId,String type,Map values,String addoredit)。

参数说明:refId——元数据 ID;type——模型名称;values——包含元数据记录键值对; addoredit——新增或编辑。

返回:新建或更新成功的元数据记录。

详细描述:在字段名未知的情况下,调用此接口,新增或编辑元数据记录。

⑧创建元数据模型接口

接口:Metadata create(String type)。

参数说明:type——创建的元数据模型名称。

返回:元数据模型实体类。

详细描述:根据名称从本地配置文件查找模型字段,返回实体类,在数据库中创建元数据表。

⑨删除元数据记录接口

接口:void delete(String id,String type)。

参数说明:id——元数据记录 ID;type——元数据模型名称。

返回:无。

详细描述:根据记录 ID 和模型名称,从表中删除相应记录。

12)列表树管理

①获取标准目录树接口

接口:List getAllList()。

参数说明:无。

返回：从配置文件中读取出目录树列表。

②根据当前用户获取对应配置目录树接口

接口：List getListByUser(String user)。

参数说明：user——用户名。

返回：目录树列表。

③保存当前用户关联树配置接口

接口：void saveList(String user，List config)。

参数说明：user——用户名；config——配置的目录树。

返回：无。

④检查用户目录树是否存在接口

接口：boolean checkUserSeted(String user)。

参数说明：user——用户名。

返回：存在目录树则返回 true，反之为 false。

13）我的账户

①保存用户信息

接口：User saveUser(User user)。

详细描述：传递用户信息，存入 HGP_USER 表。

②获取用户信息

接口：User getUser(String id) throws UserNotFoundException。

详细描述：传递用户 ID，返回 User 对象。

（2）客户端设计

1）界面设计

在"我的平台"中，页面分左侧导航栏和右侧功能模块，导航栏包含资源管理、"我的账户"和"运维管理"3 个栏目，在运维管理栏中只有管理员可以看到所有功能模块，但是管理员可以在权限管理中将运维管理中的部分功能的权限共享给其他用户，实现不同用户享有不同的权限，具体功能描述以及相关操作可见权限管理模块。

2）功能设计

运维管理系统功能结构如图 4-28 所示。

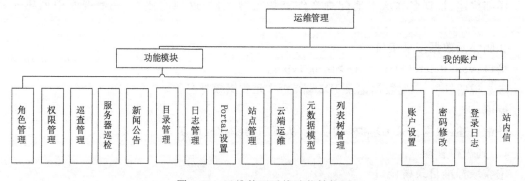

图 4-28　运维管理系统功能结构图

①角色管理

功能描述:管理员按照一定的规则或安全策略,划分出不同的角色,并为用户指派不同的角色,用户通过角色间接获得对信息资源的相应许可,即角色代表一个已命名的权限结合,将角色授予某用户,那么分派给角色的所有权限将同时授予该用户。角色管理模块包括新建、修改、删除以及批量删除角色等功能。

②权限管理

功能描述:提供管理员控制和管理平台中用户的权限,实现用户可以访问而且只能访问自己被授权的资源。这里可以分配权限的单位有 3 种:角色、部门和人员。管理员既可以通过具体的"组"(即角色和部门)进行权限分配,也可以对某一特定用户赋予特定权限,满足系统中不同职责的人员,对系统拥有不同的权限。

③巡查管理

功能描述:定期巡查平台服务器,记录服务器的状态和具体结果或错误代码。

④服务器巡检

功能描述:对注册到平台的服务提供定期巡查功能,记录服务的状态和具体结果或错误代码。

⑤新闻公告

a. 新闻搜索

功能描述:提供对新闻的搜索功能,可根据新闻标签、发布时间或关键字等方式进行搜索。

b. 新闻发布

功能描述:提供对新闻的发布功能。

c. 新闻编辑

功能描述:提供对已发布新闻的编辑修改功能。修改完成可重新发布。

d. 新闻删除

功能描述:提供对新闻的删除功能,可单个删除,也可多个批量删除。

e. 新闻分类管理

功能描述:提供对新闻标签的管理功能,可增加标签,也可删除已有标签。

⑥目录管理

功能描述:提供平台目录的编辑入口,可以调整目录的上下级关系,也可以对目录进行增、删、查、改等操作,同时管理员可以看到当前选中目录下所有资源的列表。

⑦日志管理

日志记录着系统中特定对象的相关活动信息,良好的日志管理对系统监控、查询、报表和安全审计是十分重要的,系统管理员可以通过日志管理模块提供的功能监控系统资源和审计用户行为。

a. 总览

功能描述:记录平台中所有服务的总访问量,同时提供访问最多的服务和下载最多的数据的列表,其中包括服务名称、类型、运行状态、访问量和访问成功率。

b. 资源

功能描述:提供平台中所有服务的当前状态、访问量和成功率。

c. 用户

功能描述:用户操作日志记录用户操作各项功能的信息,包括用户名、操作时间、操作类型、操作对象以及操作结果。

⑧Portal 设置

功能描述:Portal 是一个基于 Web 的应用,它能提供个性化、单点登录、不同源的内容聚合、信息系统的表示层集中。聚合是整合不同 Web 页面源数据的过程。为了提供用户定制的内容,Portal 可能包含复杂的个性化特征。为不同用户创建内容的 Portal 页,可能包含不同的 Portlet 窗口。对不同的用户,根据其配置,同一个 Portal 会产生不同的内容。

⑨站点管理

a. 站点实时信息

功能描述:提供对指定站点实时信息的查看功能,包括 CPU 使用量和事务量。

b. 资源统计

功能描述:提供对站点近一个月所有事务量的统计和节点个数的统计功能。

c. 云 GIS 站点统计

功能描述:提供对指定站点内所有服务近一个月的统计报表功能。

d. GIS 服务统计

功能描述:提供对指定站点指定服务近一个月的统计报表功能。

⑩云端运维

a. 资源统计

功能描述:提供对云端所有资源信息的统计功能,包括事务处理量、节点个数和用户数。

b. 报表统计

功能描述:提供对指定用户下指定站点中指定服务的报表统计功能。

⑪元数据模型

功能描述:元数据模块包含元数据模型增删改查功能,模型操作不写入数据库中,增删改只在本地配置文件中进行操作,当资源注册时,根据获取的模型名及资源的相关字段键值对,从本地配置文件取出模型,组织模型实体类,将元数据动态写入模型表。

a. 模型创建

模型创建分为填写模型名称、模型字段两步。模型名称需要填写的内容:名称、标题、父类、描述,其中,名称、标题为必填字段,父类为默认类,描述可不填;模型字段需要填写的内容:名称、标题、类型、长度、是否可空、默认值。此处创建的模型暂时只是保存在本地配置文件中,只有在资源注册时调用注册元数据功能时,才会根据模型名和字段动态在数据库生成模型表,并插入元数据记录。

b. 模型编辑

模型编辑也分为模型名称、模型字段两步,在模型名称编辑界面中,如修改名称,则会新生成一条除名称外,与修改的模型完全一样的模型记录。模型字段可编辑字段的名称、标题、类型、长度、是否可空、默认值等具体信息,也可新增和删除字段。

c. 模型删除

模型删除功能允许直接删除本地配置文件中的模型。

d. 模型查询

根据名称查询出该模型的详细信息。

e. 元数据注册

在资源注册时,根据资源注册类型获取模型名称,并根据资源注册填写的属性信息组织元数据实体类,插入元数据表中。

⑫列表树管理

功能描述:通过列表树管理可以实现对典型应用中用户浏览数据服务的权限控制,管理员可以通过增删列表树中的节点,实现数据服务权限的控制。

⑬账户设置

功能描述:已注册的用户,可以通过账户设置填写联系电话和电子邮箱等完善个人信息。

⑭密码修改

功能描述:已注册的用户,可以通过此功能修改已有密码,替换为新密码。

⑮登录日志

功能描述:提供用户的登录信息,包括登录 IP、登录时间等,用户可以通过登录日志,浏览自己账号的登录时间以及机器是否被别人使用。

⑯站内信

功能描述:方便平台用户之间的信件往来而设的服务功能,类似于邮箱,主要由收件箱、发件箱、发信息 3 部分组成,但该功能仅对平台内已注册用户开放。

9. 降雨量等值线制作系统

水情数据等值分析系统功能严格按照江苏省水利地理信息服务平台的需求,实现对目标区域中若干站点在某一时间范围内的雨量要素数据值,通过二维内插法(Interpolation Method)生成拟合曲线,通过三次 B 样条消除曲线走样产生的锯齿,最后生成一系列的光滑曲线即等值线,使用发布的目标区域地图作为底图,并为等值线设置颜色即得到区域雨量彩色等值线图,再对等值线图的各等值区域用不同的颜色进行填充即得到区域雨量彩色面积填充图即等值面图。在绘制出区域雨量等值线图后根据地理坐标信息自动计算得到各等值区域的面积,再根据各等值区域的雨量值计算得到一定区域的总降雨量。参照热成像仪原理,开发热图分析模块,对水雨情展示功能进行进一步的扩展。热图分析比等值面分析更细,它将每一个像素按值的大小以不同颜色显示出来,且颜色是渐变的,可以更加真实、直观地表现水文信息的密度及分布情况,不同区域和站点之间的雨量对比更加明显,有助于进一步分析降雨发展趋势。

(1)服务端设计

①等值分析服务

方法:GetRainDzx

输入参数说明如表 4-14 所示。

表 4-14　GetRainDzx 输入参数说明

名称	类型	是否必须	描述	格式	示例值
sdate	String	是	开始时间	YYYYMMDDHHmmss YYYY—年,4 个字符; MM—月,2 个字符; DD—日,2 个字符; HH—时,2 个字符; mm—分,2 个字符; ss—秒,2 个字符	2014 年 3 月 14 日 08 时 00 分 00 秒 输入值为 "20140314080000"

名称	类型	是否必须	描述	格式	示例值
edate	String	是	结束时间	同"开始时间"	2014 年 3 月 15 日 08 时 00 分 00 秒 输入值为 "20140315080000"
yljb	String	是	雨量级别	第一个是字母和分号,代表不同级别描述(和界面的选项一致),后面是从小到大的一组数字字符串,用逗号分隔	A:10,25,50,100,200
rain	String	是	雨量数据	|x,y,rain|x,y,rain|x,y,rain|… 每一组里用逗号分隔; x—经度; y—纬度; rain—雨量值; 组值间用|分隔; 雨量数据由很多组数据组成	三组数据: |135.6,32.2,56|135.7,32.8, 43|135.9,32.5,30|
qubj	String	是	分析区域的边界参数	由预处理模块生成	

接口调用示例:

Get 示例:

http://localhost/api/rest/api.jsp? dbhost = water_a88888&wfpuser = water_b00001& appKey = 2c8f8f0e398a676ab0d41333fc2aba5c&method = GetRainDzx&format = xmlL&sdate = 2013090208&edate = 2013091011&yljb = A:10,25,50,100,200

等值线和等值面是在分析计算后同时返回相应的串数据。输出参数如表 4-15 所示。

表 4-15 GetRainDzx 输出参数说明

名称	类型	描述	格式	示例值
dzx	String	等值线数据	|X,Y:X,Y:X,Y:dzx,z| 每个等值线数据由一系列点和结束标志组成,由|分隔; 每个点由经度和纬度组成,各个点由:分隔; X—经度; Y—纬度; dzx—线线结束标志; z—等值线的值	| 135.6,32.2:135.7,32.8:135.9, 32.5:dzx,50 | 136.6,33.2:136.7, 33.8:136.9,33.5:dzx,25| 该示例为 2 条等值线

续表

名称	类型	描述	格式	示例值
dzm	String	结束时间	|X,Y:X,Y:X,Y:dzm,z,t| 每个等值面数据由一系列点和结束标志 组成,由|分隔; 每个点由经度和纬度组成,各个点由:分隔; X—经度; Y—纬度; dzm—线线结束标志; z—等值线的值; t—代表线和面的关系,意义如下: 1—面大于线值; —1—面小于线值	|135.6，32.2：135.7，32.8：135.9， 32.5：135.6,32.2:dzm,50,1|136.6， 33.2：136.7，33.8：136.9，33.5： 136.6,33.2:dzm,25,—1| 该示例为 2 个等值面
qsj	String	面雨量 分析结 果	|N,M,R,Q|N,M,R,Q|... 每组以|分隔; N—区名; M—面积; R—雨量; Q—水量(亿立方米)	|江苏省,102600,25,0.2|

返回结果:

XML 数据格式:

```
<? xml version＝"1.0" encoding＝"utf-8" ? >
<RainInfo>
<dzx>
120.9158,31.13079|120.9143,31.1488|120.9142,31.1537|9999,10|
</dzx>
<dzm>
120.9158,31.13079|120.9143,31.1488|120.9142,31.1537|a,10,—1|
</dzm>
<qsj>
江苏省，102600,25,0.2|南京市,20199.7,17.54,38.62|
</qsj>
<RainInfo>
```

JSON 数据格式:

```
{"data":
{
"dzx":" 120.9158,31.130|120.913,31.148|120.9142,31.1537|9999,10|",
"dzm":"120.9158,31.1379|120.913,31.1488|120.912,31.157|a,10,—1|",
"qsj":" 江苏省,102600,25,0.2|南京市,20199.7,17.54,38.62|"
}
```

}

②热图分析服务

方法：GetHotMap

该方法输入参数说明如表 4-16 所示。

表 4-16　GetHotMap 输入参数说明

名称	类型	是否必须	描述	格式	示例值
sdate	String	是	开始时间	YYYYMMDDHHmmss YYYY—年,4 个字符; MM—月,2 个字符; DD—日,2 个字符; HH—时,2 个字符; mm—分,2 个字符; ss—秒,2 个字符	2014 年 3 月 14 日 08 时 00 分 00 秒 输入值为 "20140314080000"
edate	String	是	结束时间	YYYYMMDDHHmmss YYYY—年,4 个字符; MM—月,2 个字符; DD—日,2 个字符; HH—时,2 个字符; mm—分,2 个字符; ss—秒,2 个字符	2014 年 3 月 15 日 08 时 00 分 00 秒 输入值为 "20140315080000"
yljb	String	是	雨量级别	第一个是字母和冒号,代表不同 级别描述(和界面的选项一致); 后面是从小到大的一组数字字符串, 用逗号分隔	A:10,25,50,100,200
rain	String	是	雨量数据	|x,y,rain|x,y,rain|x,y,rain|... 每一组里用逗号分隔; x—经度; y—纬度; rain—雨量值; 组值间用|分隔; 雨量数据由很多组数据组成	三组数据: |135.6,32.2,56|135.7,32.8, 43|135.9,32.5,30|
qubj	String	是	分析区域的边界参数	由预处理模块生成	

接口调用示例：

Get 示例：

http://localhost/api/rest/api.jsp? dbhost = water_a88888 & wfpuser = water_b00001 & appKey = 2c8f8f0e398a676ab0d41333fc2aba5c & method = GethotMap & format = xmlL & sdate = 2013090208 & edate = 2013091011 & yljb = A:10,25,50,100,200

墒情、地下水调用类似。

分析热图结果输出

输出参数说明,如表 4-17 所示。

表 4-17　**GetHotMap 输出参数说明**

名称	类型	描述	格式	示例值
url	String	热图分析路径	http://localhost/api/data/ 2014070108-2014071008. png	热图分析返回图片路径

返回结果

XML 数据格式:

<? xml version="1. 0" encoding="utf-8" ? >

<HotMap>

<url>

http://localhost/api/data/2014070108－2014071008. png

</url>

< HotMap >

JSON 数据格式:

{" HotMap":

{

"url":" http://localhost/api/data/2014070108－2014071008. png"

}

}

③多站点分层服务

方法:GetZdJb

输入参数如表 4-18 所示。

表 4-18　**多站点分层服务输入参数**

名称	类型	是否必须	描述	格式	示例值
rain	String	是	雨量数据	x,y,rain│x,y,rain│x,y, rain│x,y,rain│	经度,纬度,雨量 离散点

接口调用示例:

Get 示例:

http://localhost/api/rest/api. aspx? dbhost＝water_a88888&wfpuser＝water_b00001&appKey＝2c8f8f0e398a676ab0d41333fc2aba5c&method＝GetZdJb&format＝xmlL&sdate＝2013090208&edate＝2013091011&yljb＝A:10,25,50,100,200

分析结果输出参数如表 4-19 所示。

表 4-19　多站点分层服务输出参数

名称	类型	描述	格式	示例值
rain	String	分层后站点输出	x,y,rain,xsjb|x,y,rain,xsjb|	返回数据后多了显示级别 1,2,3,4 从系统全图开始的级别

返回结果

XML 数据格式：

$<$? xml version＝"1.0" encoding＝"utf-8" ? $>$

$<$ZdJb$>$

$<$rain$>$x,y,rain,xsjb｜x,y,rain,xsjb｜$<$/ rain $>$

$<$/ZdJb$>$

JSON 数据格式：

{" ZdJb "：

{

"rain"："http：//localhost/api/data/2014070108-2014071008.png"

}

}

④雨量数据格式

站点雨量数据格式如下：

x,y,rain｜x,y,rain｜x,y,rain｜x,y,rain｜

XML 数据格式：

$<$? xml version＝"1.0" encoding＝"utf-8" ? $>$

$<$rainData$>$

$<$data$>$ x,y,rain｜x,y,rain｜x,y,rain｜x,y,rain｜ $<$/ data $>$

$<$/ rainData $>$

⑤边界数据格式

目标区域边界数据格式为 x,y:x,y:x,y···｜,其中 x 是经度,y 是纬度,逗号是经纬度的分割冒号的一个点的分割,｜是一条线结束或者一个面的结束。

XML 数据格式：

$<$? xml version＝"1.0" encoding＝"utf-8" ? $>$

$<$AddQubj$>$

$<$data$>$

116.18719,34.53802:116.19062,34.54251:116.19132,34.57283｜···

$<$/data$>$

$<$type$>$Line$<$/type$>$

$<$/AddQubj$>$

等值分析算法

由于雨量站点为非规则的离散数据点,在自动分析等雨量线时,一般采用以下方法来解决：一是直接建立非规则的网格，如三角形或其他多边形；二是建立规则化的网格面，将雨量资料插值到规则网格点上进行分析。本软件采用的方法为距离加权平均法，即将雨量资料插值到规则化网格上进行分析。

①建立规则化网格

首先在雨量站分布区域上建立 m×m 的矩阵网格面，假设网格分布区域为 $x_{\min} \leqslant x \leqslant x_{\max}$，$y_{\min} \leqslant y \leqslant y_{\max}$，则网格点 $H_{(i,j)}$ 的坐标 (x_i, y_i) 为：

$$x_i = x_{\min} + (x_{\max} - x_{\min}) \times (i-1)/(m-1) \qquad i = 1,2,\cdots,m \qquad (4\text{-}1)$$

$$y_i = y_{\min} + (y_{\max} - y_{\min}) \times (i-1)/(m-1) \qquad i = 1,2,\cdots,m \qquad (4\text{-}2)$$

建立网格的原则是其分布范围要略大于流域外围边界，网格间距要适当，若间距过大，插值到网格点上的值不能准确反映流域降雨的真实分布，间距过小，则计算量大，影响等值线的分析速度。

建立好网格后，雨量资料的网格化处理方法较多，如泰勒（TayLor）级数三点展开法、有限元插值法、逐步订正法、距离加权平均法等。距离加权法的优点是逐步比较找出距离格点 $H_{(i,j)}$ 不同距离的雨量站点，根据距离远近不同分别给予不同的权重系数，也就是各雨量站点对格点 $H_{(i,j)}$ 的值 $z(i,j)$ 的影响随其距格点 $H_{(i,j)}$ 的距离的增大而缩小，反映在权上，则距离小的权大，距离大的权小。因此，我们定义距离倒数的某次幂为权函数：

$$w = \frac{1}{1 + \alpha \times d_{(i,j)}^2} \qquad (4\text{-}3)$$

式中，$d_{(i,j)}^2 = (x_k - x_i)^2 + (y_k - y_i)^2$，$k = 1,2,\cdots,n$，$n$ 为雨量站数，(x_k, y_k) 为雨量站点坐标，是随要素场的不同而不同的经验系数。在具体将雨量资料插值到网格点上时，一般需要分以下几步来做：

一是因网格面略大于流域分布区域，因此处于流域边界外的格点值应为 0，即：

$$z(i,j) = 0 \qquad (4\text{-}4)$$

二是对于流域界内的格点，则以格点 $H_{(i,j)}$ 为圆心，以适当的 R 为搜索半径，求出位于 R 范围内的所有站点，并按其距离由小到大排序 $\{d_1, d_2, \cdots, d_k\}$（$k$ 为搜索的站数），然后再分为 3 种情况来处理：如果距格点距离最近的站点距离 $d_1 \leqslant R/10$，说明该站点与该格点距离很近，可不考虑其他雨量站点对该格点的影响，该站点雨量值直接等于格点值，即：

$$z(i,y) = a(i', y') \qquad (4\text{-}5)$$

式中，$a(i', y')$ 为雨量站值；

如果 R 范围内的站数 $k \geqslant 3$ 个，则格点值可用距离加权平均公式求解如下：

$$z(i,j) = \frac{\sum\limits_{i=1}^{k} a(i', y') \times w_i}{\sum\limits_{i=1}^{k} w_i} \qquad (4\text{-}6)$$

如果 R 范围内雨量站数 $k < 3$ 个，则上述插值公式不能正确地反映降雨分布趋势，会引起降雨范围的虚增大，因此，为较准确地插值出格点值，我们可用逼近函数：

$$z(i,j) = \sum_{i=1}^{k} a(i', j') \times w_i \qquad (4\text{-}7)$$

式(4-7)的意思是格点的值相对于分布稀疏的离散雨量站点是收敛的，并根据实际的情况确定较为合适的值。这样雨量值插值到网格点上的值基本上准确地反映了雨量的分布，使等雨量线的分析结果准确可靠。

②网格边上内插等雨量点

在网格边上内插等雨量点时,有时会遇到格点值与等雨量点相等,而该格点同时又是 4 个相邻网格的公共顶点,在分析等雨量线时会发生重复使用和追踪混乱的问题。因此,在网格边上内插等雨量点时须预先处理,其方法是对每一格点值先整数化处理,然后再加上一个足够小的数值给予修正。这样,既不影响分析精度,又避免了上述问题。

雨量资料插值到网格点上后,即可判断每一网格边上是否有等雨量点$(z,10,25,50\cdots)$,若网格横边上相邻网格点间有 $(z-z(i,j))\times(z-z(i,j+1))<0$,则必有等雨量点,用状态函数 $I_x(i,j)=1$ 表示,等雨量点的坐标用线性插值法求解如下:

$$x'(i,j)=x(i,j)+\frac{(x(i,j+1)-x(i,j))\times(z-z(i,j))}{(z(i,j+1)-z(i,j))} \tag{4-8}$$

$$y'(i,j)=y(i,j) \tag{4-9}$$

若网格纵边上相邻网格点上有 $(z-z(i,j))\times(z-z(i+1,j))<0$,则该网格间必有等雨量点,用状态函数 $I_y(i,j)=1$ 表示,其等雨量点坐标如下:

$$x''(i,j)=x(i,j) \tag{4-10}$$

$$y''(i,j)=y(i,j)+\frac{(y(i,j+1)-y(i,j))\times(z-z(i,j))}{(z(i+1,j)-z(i,j))} \tag{4-11}$$

等雨量点全部找出后,即可进行等雨量线的分析。

③等雨量线的搜索和追踪

因为不仅等雨量值不同时等雨量线不同,而且在同一等雨量值下也可能有若干条,应先分析开口等雨量线,然后再分析闭合等雨量线,无论哪种等雨量线,应首先找出起始等雨量点,即线头。

因处于流域边界外的格点值为 0,所以等雨量线的分析必位于网格面的内部。在网格面上按自左而右、自上而下的原则,对每一网格的 4 个边上的状态函数:$I_x(i,j)$,$I_x(i+1,j)$,$I_y(i,j)$,$I_y(i,j+1)$ 进行判断,如果状态函数中有且仅有一项值为 1 时,则该点必为线头,并立即记录下该点,令等雨量点计数器 num=1,假设 $I_x(i,j)=1$,则该点为等雨量点,并把其点坐标存放到相应的结构数组中,同时令 $I_x(i,j)=0$,其作用是抹去该点,以免以后重复使用。

线头找到后,就可进行等雨量线的追踪,等雨量线在网格内游走有 4 种可能:自上而下进入网格、自左而右进入网格、自右而左进入网格、自下而上进入网格。等雨量线从何种形式进入网格,判断 $I_x(i,j)$,$I_y(i,j)$ 的值就可知道。如果 $I_x(i,j)=1$,表示交点在网格横边上,设 P_2 为等雨量线从网格 I 进入网格 II 的等雨量点,P_1 点为前一等雨量点,若 P_2 点的纵坐标 y_{P_2} 大于 P_1 点的纵坐标 y_{P_1},即 $y_{P_2}>y_{P_1}$,则表示等雨量线自上而下进入网格,并记录下该点的坐标及插值。然后下一个等雨点在 1,2,3 三个线段中查询,根据 1,2,3 线段的状态函数的值即可确定哪个线段存在等雨量点,且为下一个等雨量点。反之,若 $y_{P_2}<y_{P_1}$,则表示等雨量线为自上而下进入网格,相类似也用上述方法查询。

如果 $I_y(i,j)=1$,表示交点在网格纵边上,则比较 P_2 点的横坐标 x_{P_2} 与 P_1 点的横坐标 x_{P_1} 之间的大小,若 $x_{P_2}>x_{P_1}$,则表示等雨量线自左而右进入网格,并记录下该点的坐标及插值,然后下一个等雨点在 1、2、3 三个线段中查询。反之,若 $x_{P_2}<x_{P_1}$,则表示等雨量线自右而左进入网格,查询方法类同。

按上述方法查询一直追踪到 1、2、3 三个线段的状态函数全为 0 时,一条等雨量线就完整地记录下来。

因同一数值的等雨量线可能有几条,所以追踪完一条后再追踪另一条,应先追踪出开口等雨量线,再转入闭合等雨量线,闭合等雨量线线头可以从网格内存在的任一等雨量点开始,按上述方法追踪到该点结束。当某一雨量值的等雨量线追踪结束后,再重新在网格边上内插等雨量点,然后开始下一等雨量线的追踪,直到完成所有的等雨量线为止。

在等雨量线查询过程中,等雨量线进入另外一个网格查找时,如果 3 条边都有等雨量点,则存在 3 种可能性,若不在方法上给予处理,就会出现等雨量线的交叉和不确定现象。对于这种情况,一般认为等雨量线突然拐弯的概率较小,一般都会沿原先的走向扩展。所以根据前面等雨量线段来判定当前走向,使等雨量线走向合理。

④等雨量线的平滑

因追踪出的等雨量线为点连接成的曲线,是一个个的折线段,需要通过一定的数学方法进行插值或逼近,得到一系列的密集点列,并确保在这些点列上具有连续的一阶导数或连续的二阶导数,就可以保证绘出平滑的曲线。本软件采用实用三次样条插值法对等雨量线进行平滑,其原理如下。

已知线段上的 n 个点 $P_1(x,y)$,$P_2(x,y)$,$\cdots$,$P_n(x,y)$,假设函数 f 是插值于 P_1,P_2,$\cdots,P_n$ 之间的三次样条插值函数,并设 $V_i = (V_{ix},V_{iy})$,$(I=1,2,\cdots,n)$ 是使 f 达到 c^2 连续的在 P_i $(I=1,2,\cdots,n)$ 处的切矢量。在给定两点 P_0,P_1 以及曲线在这两点的切矢量 V_0,V_1,可唯一地确定一段三次参数曲线。设平面上三次参数曲线线段为:

$$x(t) = a_0 + a_1 t + a_2 t^2 + a_3 t^3 \tag{4-12}$$

$$y(t) = b_0 + b_1 t + b_2 t^2 + b_3 t^3 \quad 0 \leqslant t \leqslant 1 \tag{4-13}$$

取曲线段上两端点 $P_i(x_i,y_i)$,$P_{i+1}(x_{i+1},y_{i+1})$,由假设可知,过这两点的切矢量为 V_i,V_{i+1},在此我们引入实参数,对切矢量进行控制,则该曲线段的端点条件为:

$$
\begin{aligned}
x(0) &= x_i \\
y(0) &= y_i \\
x(1) &= x_{i+1} \\
y(1) &= y_{i+1} \\
x'(0) &= \lambda V_{ix} \\
y'(0) &= \lambda V_{iy} \\
x'(1) &= \lambda V_{i+1x} \\
y'(1) &= \lambda V_{i+1y}
\end{aligned}
\tag{4-14}
$$

由式(4-14)、(4-15)可求出 $a_0,a_1,a_2,a_3,b_0,b_1,b_2,b_3$,从而得出实用三次样条曲线方程:

$$x(t) = x_i + \lambda V_{ix} t + [3(x_{i+1} - x_i) - 2\lambda V_{ix} - \lambda V_{(i+1)x}]t^2$$

$$+ [\lambda V_{ix} + \lambda V_{(i+1)x} - 2(x_{i+1} - x_i)]t^3 \tag{4-15}$$

$$y(t) = y_i + \lambda V_{iy} t + [3(y_{i+1} - y_i) - 2\lambda V_{iy} - \lambda V_{(i+1)y}]t^2$$

$$+ [\lambda V_{iy} + \lambda V_{(i+1)y} - 2(y_{i+1} - y_i)]t^3 \tag{4-16}$$

在绘制等值线过程中产生样条走样,导致绘制的曲线出现锯齿,为了平滑曲线上述三次样条曲线能够解决该种情况,将使绘制的等值线更加平滑自然。

(2)客户端设计

1)界面设计

本系统客户端页面功能及信息展示是基于 Flex(RIA)技术实现,其中作为页面所用图层通过 ArcGIS Catalog 平台进行发布。页面分为地图展示区和功能面板区。地图展示区包括对雨情查询的时间范围选择下拉框、查询目标区域选择框、数据源、雨量级别以及分析类型选择等。将用户查询结果在前端底图上叠加展示如等值线、等值面和热图数据。

降雨等值线分析的结果用等值线、等值面、热图表示,展示效果分静态矢量图(反映整个时间过程的数据分布情况)和动态矢量图(反映数据分布的发展过程)。

区域预处理模块用于设定各个区域边界,设定的结果将保存在数据库中,供分析使用。软件界面打开一个江苏省地图,用户可以在界面上输入区域的名字,并输入相应的边界数据。边界输入可以一次性导入一个边界,也可以手工勾绘,并且可以在地图上修改边界的位置。

水情数据等值分析模块获取目标区域中某一时间范围内的水情数据并按照规定进行格式转换成字符串,生成预处理结果;调用服务接口计算生成(如雨量、墒情、地下水等)水情数据的等值线、等值面、热图并提供平台服务接口,支持其他用户调用。

自定义分析区域模块通过调用等值分析模块中的服务,访问数据库检索数据,在等值分析模块中进行分析并返回给前端叠加在地图上展示。

将等值分析模块中的服务接口对外发布,远程用户能够直接通过前端程序调用对外发布的接口,从而实现等值分析业务需求。

2)客户端程序逻辑流程设计

客户端程序逻辑主要是通过 Flex 和 OpenScales 技术实现,其中 Flex 作为整个客户端程序逻辑的主体框架,内嵌轻量级开源地图框架。首先在 Flex 项目中引用 OpenScales 的".swc"库文件。

在 Flex 页面中声明 OpenScales 命名空间,使得在底图和等值线、等值面以及热图图层能在 Flex 中使用 OpenScales 容器进行展现。实现代码如下:

```
<? xml version="1.0" encoding="utf-8"? >
<mx:Application
......
xmlns:os="http://openscales.org"
......
>
......
<os:Map id="fxmap" width="100%"   height="100%" minHeight="200"
zoom="7" centerLonLat="115.92, 33.52">
<layer:MyGrid
        id="yx"
        name="yx"
        url="http://mt2.google.cn/vt/lyrs=y@167000000"
        isBaseLayer="false"
```

```
          visible="false"/>
<layer:MyGrid
      id="dx"
      name="dx"
      url="http://mt2.google.cn/vt/lyrs=t,r@167000000"
      isBaseLayer="false"
      visible="false"/>
<layer:MyGrid
      id="dt"
      name="dt"
      url="http://mt2.google.cn/vt/lyrs=m@167000000"
      isBaseLayer="true"
      visible="true"/>
<os:DragHandler/>
<os:WheelHandler/>
<os:Spinner id="spinner" x="{width/2}" y="{height/2}"  />
<os:MousePosition x="10" y="{height-20}"/>
<cns:mapTitle id="mapT" x="10" y="55"/>
<hmi:HeatMapIcon id="hotmapcolora" x="35" visible="false" bottom="80"  />
</os:Map>
……
</mx:Application>
```

Flex 内置访问远程 WebService 控件是通过 mx:WebService 实现,ID 唯一标示 WebService 服务控件。请求完成事件响应函数在 mx:operation 中定义,result 为正常处理响应函数, fault 为异常处理函数。

在本系统中对 WebService 的调用是在 Flex 的 ActionScript 中定义,传递相关参数,指定 mx:WebService 请求及响应处理如下所示:

```
public function loadDZXDZM():void
{
    var webyqUrl:String ="WebService 发布地址";
    service.loadWSDL(webyqUrl);
    service.ServiceMothedName.send("请求参数");
}
```

请求处理结果 WebService 返回有两种格式,分别为 XML 和 JSON 格式。

在此仅说明 XML 格式的响应结果。其处理返回结果如下:

```
<? xml version="1.0" encoding="utf-8" ? >
<RainInfo>
<dzx>
120.9158,31.13079|120.9143,31.1488|120.9142,31.1537|9999,10|
```

...

```
</dzx>
<dzm>
120.9158,31.13079|120.9143,31.1488|120.9142,31.1537|a,10,-1|
...
</dzm>
<qsj>
江苏省,102600,25,0.2|南京市,20199.7,17.54,38.62|
</qsj>
<RainInfo>
```

客户端通过 WebService 返回的结果,在 Result 对应函数中进行解析和上图。具体设计代码如下所示:

```
private function onTableResult1(event:ResultEvent):void
{
......
var layers:Array;
var fl:FeatureLayer=null;
tempdzx = event.result.RainInfo.dzx.toString();
......
fl=contourManager.getGoogleSurface(tempdzx ,yljb,styleObject.CONTOUR_SUR-
FACE_COLOR,osStyle,"dzx");
layers.push(fl);
......
var f2:FeatureLayer=null;
tempdzm = event.result.RainInfo.dzm.toString();
......
F2=contourManager.getGoogleSurface(tempdzm ,yljb,styleObject.CONTOUR_SUR-
FACE_COLOR,osStyle,"dzm");
layers.push(f2);
this.fxmap.map.addLayers(layers);
......
}
```

等值线、等值面上图效果如图 4-29 和图 4-30 所示。

热图产生类似于等值线、等值面,在请求参数中设置目标区域的时间范围,服务端生成对应时间范围的热图至相关文件夹中,返回访问热图的地址和时间段热图图片。

热图请求处理返回结果如下:

```
<? xml version="1.0" encoding="utf-8" ? >
<HotMap>
<url>
```

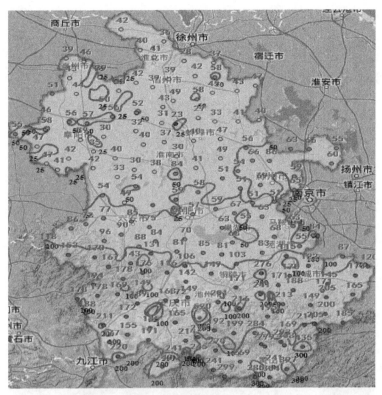

图 4-29　等值线效果图

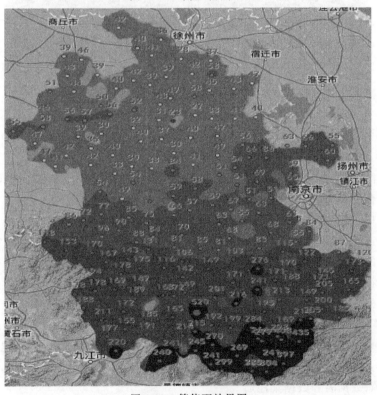

图 4-30　等值面效果图

http://localhost/api/data/2014070108-2014071008.png

</url>

< HotMap >

热图上图效果如图4-31所示。

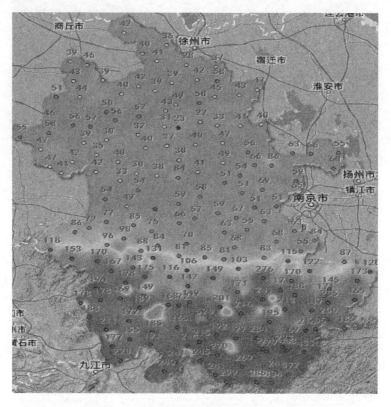

图 4-31 热图效果图

10.智能报表制作系统

(1)机构用户数据同步功能

组织信息同步接口为标准接口,主要用于将客户的组织信息数据抽取出来,按照润乾的格式插入润乾平台所在库里,通过执行调度任务实现。

①编写接口实现类(如 CustomDataExtraction. class)。

功能说明:假设客户数据所在数据库为 A,润乾系统所在数据库为 B,现在需要将 A 中的组织信息相关的数据同步到 B 库,使得能够用客户数据登录润乾系统。

②同步过程

实现类写好后,将编译好的 class 文件(CustomDataExtraction. class)放到 classes 下,直接更新文件即可;配置 WEB-INF/classes 下 synchronize. properties 文件:customer = com. runqianapp. synchronize. extract. CustomDataExtraction(用于配置实现类);建立自定义调度任务。

(2)数据源、数据表和数据集注册

gez_datamanager-1. 0. jar

（3）报表资源注册

①gez_configManager-1.0.jar

说明：com. runqian. mis2. configmanager. res. service. ResourceOperateService。

②ResourceOperateService. java

说明：路径 reportmis\mis2\custom\reportcenter\classes。

③getOperationCode. jsp

说明：reportmis\mis2\reportcenter。

④Resource. js

说明：reportmis\mis2\reportcenter\js。

（4）新增或修改报表时，数据集列表权限控制

新增或修改报表时，当前用户可用数据集的列表基于客户方接口获取，具体实现方式见客户接口说明。

（5）系统登录

1）单点登录

在 gezCustomPattern. xml 中配置一个自定义模式。

真实 URL 为 http://IP:port/reportmis/mis2/homeContent. jsp。

下面是在 gezCustomPattern. xml 中相关的配置：

```
<modules><module>
              <! － 模块入口 URL -->
        <url id="HomeContent" value="/mis2/homepage1. jsp"
            identifying="true" identifyingCode="code_1001"
identifyingName="sr_identifying_code"
            privInterface="">
        </url>
</module></modules>
```

Ps：gezCustomPattern. xml 所在路径为\reportmis\mis2\custom 下

客户方平台挂入单点的入口地址：

http://IP：port/reportmis/gezEntry. url? patternID ＝ HomeContent＆username ＝ XXX＆currentLoginName＝XXX＆hp_t＝XXX

当代入正确的 currentLoginName＝XXX＆hp_t＝XXX 方可实现集深系统登录，否则失败。

2）直接访问报表的判断平台用户是否已经登录

集深系统内设置过滤器(filter)，对直接访问报表的 URL 进行判断，如通过 URL 代入的 currentLoginName＝XXX＆hp_t＝XXX 经客户方验证接口验证通过，则跳入报表资源 URL，否则回退至客户登录页面。

11. 专题制图系统

专题制图服务基于已有的基础地理数据、水利基础数据、专题数据等数据源，提供一套自动化、智能化的专题图制作服务，用于水利行业的规划、防汛抗旱、水资源规划与管理、水环境保护、流域规划、农田水利等各个业务部门，有利于提高水利专题图的制作效率，为水利行业提

供专题图制作技术服务,使各级水利管理人员都能方便快速制作专题图。

专题制图主要包括专题图管理和专题图制作两个模块,具体包含:路径和数据查询、快速定位、要素查询、专题图层配置、标注图层、统计分析、图例、专题图打印等功能模块。

(1)服务端设计

专题制图服务端负责验证用户登录信息、页面跳转,管理用户专题图模板数据、判断专题图所处状态、管理专题图资源数据、管理专题图发/删服务。

接口设计:接口根据功能分为 3 部分,如图 4-32 所示。

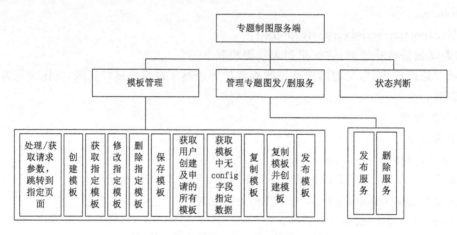

图 4-32　专题制图系统服务端接口功能图

接口功能介绍如下。

①接口:String createNewTm(JSONObject data,String url)

详细描述:创建新的专题图模板,创建成功,返回专题图模板的 ID,创建失败,依据失败的原因返回"no login"(未登录)和"zcsb"(注册失败)。同时,创建的专题图不进库。data 为专题图模板数据,但是,data 数据中不包含 config(config 字段保存专题图中的所有功能模块解析的数据,具体说就是底图、查询结果、水利要素等数据)字段数据,config 最小在 152 kB,避免通过网络传送数据,程序在初始创建专题图时通过读取 resources\config\config.cfg 中的数据做 config 字段值,存储到数据库中。URL 为访问专题制图的入口地址,将创建的专题制图注册到资源中心使用。

②接口:Boolean delete(String id)

详细描述:删除专题图模板,删除成功返回 true,否则 false。删除操作分为逻辑删除和物理删除,逻辑删除实际上并不删除在库中的数据,只是将表中的标志位字段做个标志。物理删除就是实际意义上将表中的数据删除。删除之所以分为两类是因为在资源管理中,删除具有一定的缓冲时间,删除操作后并不立即删除数据,而是等到缓冲时间才从表中实际删除数据。此接口的删除操作首先查询资源中是否存在被删专题图,如存在则将调用资源接口删除接口对该专题图删除,同时,在专题图制作系统库中对该专题图逻辑删除;如资源中不存在该专题图,则在专题图制作系统库中物理删除该专题图。

③接口:Boolean logicDelete(String id)

详细描述:逻辑删除接口,删除成功返回 true,否则 false。

④接口：Boolean physicalDelete(String id)

详细描述：物理删除接口，删除成功返回 true，否则 false。

⑤接口：voidupdateConfig2tm(String config，String tm)

详细描述：更新专题图中的 config 字段，参数 config 为 config 字段数据，参数 tm 为专题图的 ID 值。

⑥接口：Map getConfig2tm(String tm)

详细描述：获取专题图的 config 字段数据，参数 tm 为专题图的 ID 值。

⑦接口：List getAlltmWithOutConfig()

详细描述：获取表 hy_mp_tm 中的所有专题图数据，结果不带有 config 字段。这个接口给其他系统调用，对方只需要获取专题的信息，并不需要解析 config 配置，在表 hy_mp_tm 中 config 字段占有大量的数据，查询和传输时间复杂度和空间复杂度都较大。所以，在查询的时候就过滤掉了 config 字段。

⑧接口：voidupdateNameAndDescription(JSONObjectjson，String id)

详细描述：修改表中专题图的名称和描述信息。参数 json 为现在的专题图名称和描述信息；参数 id 为专题图的 ID。

⑨接口：String copyTm(JSONObjectmsg，String config，String url，String tm)

详细描述：复制专题图，即创建一个新的专题图，同时将被复制对象的 config 字段赋值给新建的专题图。参数 msg 为新建专题图所需的信息；参数 config 为被复制对象的 config 字段值，这里不通过被复制对象的 ID 从库中获取 config 值，是因为前台的 config 变动且未保存到库中时，前台的 config 和库中的 config 是不一致的；参数 url 为新建专题图的访问地址，注册资源时需要用到；参数 tm 为被复制专题图的 ID 值。接口返回新建专题图的 ID 值。

⑩接口：String copyTm2NewCreate(String sId，String dId)

详细描述：复制 dId 专题图的 config 字段数据给 sId 专题图的 config 字段。参数 sId 为需要设置的专题图；参数 dId 为被复制专题图。

⑪接口：Map getTmNoConfig(String id)

详细描述：获取不带 config 字段的专题图数据，参数 id 为专题图的 ID。

⑫接口：Page<ThematicMap>getTmbyPageOfAll(Pageable page)

详细描述：带分页获取专题图数据，这个方法中查询出的专题图过滤掉了 config 字段，提高查询、传输效率。

⑬接口：List getAllTmsByUsr()

详细描述：获取当前登录用户下的全部过滤掉 config 字段的专题图信息。

⑭接口：List<ThematicMap>getResentOpenTm()

详细描述：获取 3 个最近打开的专题图信息。

⑮接口：Page<ThematicMap>getTmbyPageOfUser(Pageable page)

详细描述：获取当前用户自己制作的所有专题图，专题图不带 config 字段，并做分页。

⑯接口：Page<ThematicMap>getTmbyPageOfApply(Pageable page)

详细描述：获取当前用户申请通过的所有专题图，并做分页。

⑰接口：Page<ThematicMap>querybyNameAll(String name，Pageable page)

详细描述：搜索当前用户所有的专题（包括用户制作和用户申请的专题图），参数 name 为查询专题图名称,参数 page 为分页对象。

⑱接口:Page<ThematicMap>querybyNameUser(String name，Pageable page)

详细描述:搜索当前用户制作的专题图,参数 name 为查询专题图名称,参数 page 为分页对象。

⑲接口:Page<ThematicMap>querybyNameApply(String name，Pageable page)

详细描述:搜索当前用户申请的专题图,参数 name 为查询专题图名称,参数 page 为分页对象。

⑳接口:intgetAllNumTm()

详细描述:获取当前用户下的所有专题(制作和申请的专题图)的数目。

㉑接口:intmarkNumTm()

详细描述:获取当前用户制作的专题图数目。

㉒接口:intapplyNumTm()

详细描述:获取当前用户申请的专题图数目。

㉓接口:Page<ThematicMap>choseAllTemp2Create(Pageable page)

详细描述:获取当前用户发布为模板的专题图,带分页。在创建专题图选择模板时使用。

㉔接口:Page<ThematicMap>choseMyTemp2Create(Pageable page)

详细描述:获取当前用户自己制作的发布为模板的专题图,带分页。

㉕接口:Page<ThematicMap>choseApplyTemp2Create(Pageable page)

详细描述:获取当前用户申请的发布为模板的专题图,带分页。

㉖接口:Page<ThematicMap>queryAllTemp2Create(String name，Pageable page)

详细描述:搜索当前用户发布为模板的专题图,带分页。

㉗接口:Page<ThematicMap>queryMyTemp2Create(String name，Pageable page)

详细描述:搜索当前用户自己制作的发布为模板的专题图,带分页。

㉘接口:Page<ThematicMap>queryApplyTemp2Create(String name，Pageable page)

详细描述:搜索当前用户申请的发布为模板的专题图,带分页。

㉙接口:int allNumTm2Create()

详细描述:获取当前用户发布为模板的所有专题图数目。

㉚接口:int markNumTm2Create()

详细描述:获取当前用户自己制作的发布为模板的专题图数目。

㉛接口:int applyNumTm2Create()

详细描述:获取当前用户申请的发布为模板的专题图数目。

㉜接口:Map publicFile2Server(String type，String fileId)

详细描述:将文件发布服务。参数 type 为文件类型,有 SHP,GDB 格式;参数 fileId 为文件上传到服务器中存在的文件名称。

㉝接口:String deleteServer(String url)

详细描述:删除服务,参数 url 为服务的地址。

㉞接口:String publicTmp(String id)

详细描述:将专题图发布为模板,参数 id 为专题图的 ID。

㉟接口:Boolean setResourseIdOfTm(String mapId, String resourceId)

详细描述:设置专题图的资源 ID。参数 mapId 为专题图的 ID;参数 resourceId 为资源 ID 值。该接口被资源管理中心调用,设置相应专题图的资源 ID。

㊱接口:String widgetWork(String id)

详细描述:判断相应的专题图是否处于正常工作状态。专题图状态分为两种,一种为正常状态,另一种为删除状态。

㊲接口:List<ThematicMap>getTmsByCreatorNoLimit(String creator)

详细描述:获取指定用户下的所有专题图,无须登录验证。参数 creator 为用户名称。

㊳接口:String getConfigById(String mapId)

详细描述:获取专题图的 config 字段信息,参数 mapId 为专题图的 ID 值。

㊴接口:Map getUsrMsg()

详细描述:获取当前登录用户的信息,包括用户名称、别名、用户 ID。

㊵接口:Marker findOne(String id)

详细描述:根据 ID 获取指定的标注,参数为标注 ID。

㊶接口:List<Marker> findAll()

详细描述:获取标注表里所有标注。

㊷接口:List<Marker> findByIds(List<String> ids)

详细描述:根据 ID 列表获取指定的标注集,参数为标注 ID 的集合。

㊸接口:List<Marker> findByLyrname(String lyrname)

详细描述:根据标注图层名获取该图层中的所有标注,参数为图层名称。

㊹接口:deleteByLyrname(String lyrname)

详细描述:根据标注图层名删除该图层中的所有标注,参数为图层名称。

㊺接口:Marker save(Marker marker)

详细描述:保存指定标注,参数为标注。

㊻接口:delete(Marker marker)

详细描述:删除指定标注,参数为标注。

㊼接口:delete(String id)

详细描述:删除指定 ID 的标注,参数为标注 ID。

(2)客户端设计

1)界面设计

专题制图系统分为专题图管理和专题图制作两个部分,专题图管理主要负责专题图的新建、管理和打印,包括 3 个模块:新建专题图、我的专题图和打印专题图。

专题制图的界面具有功能模块区、专题图信息区、用户信息区、工具条、图形区、地理位置信息栏等。

2)功能设计

①专题图管理

a. 新建专题图

功能描述:填写基本信息,选择制图模板,新建我的专题图。在新建专题图时,用户可以选择其他用户发布的共享模板,或者自己申请使用的专题模板。

b. 我的专题图

功能描述:专题图列表,提供删除、编辑、发布、打印功能入口,专题制作人员通过该功能管理自己已经制作完成的各种专题图,包括删除某个专题;修改某个专题的发布信息如标题、摘要等,可以修改该专题的附属图形信息;也可以将制作完成的专题图进行对外发布为模板,供系统内所有用户共享使用,发布系统的用户可以在新建专题图时使用该专题制作人员发布的专题图模板。同时,专题图也是一种平台资源,可以在资源中心以资源的形式,通过申请与审批的形式,共享给特定用户,由此实现不同身份、不同层次的水利工作人员之间的信息共享。

c. 打印专题图

功能描述:支持将当前地图内容直接在线出图为高清地图文件,地图内容支持标准 OGC 的地图服务(如 WMS、WMST、WFS 等)、标绘图元和查询结果集等,地图出图文件支持 PDF、JPG、GIF 等格式,提供符合 ISO 标准的多种打印模板,能够满足日常地图出图各种场景需要。

· 纸张类型

功能描述:可以选择打印纸张大小,支持 ISO 标准的多种纸张类型,也可以自定义打印幅面大小(仅用于输出地图内容,无地图整饰)。

· 地图比例尺

功能描述:用于控制打印比例尺大小,支持自动获取或者手动输入。

· 出图格式

功能描述:用于选择所需的出图格式,支持打印文件格式有 PDF,PNG32,PNG8,JPG,GIF。

· 框选地图范围

功能描述:该功能提供在地图显示区域进行框选,系统自动移动显示到框选范围,利于用户选择打印地图范围。

· 固定当前视窗

功能描述:选择固定当前视窗后,地图的显示窗口将固定在当前范围,不再移动,用户可以在该模式下修改模板等参数,以达到最佳的出图效果。

· 1:1 预览效果

功能描述:该功能以打印真实比例尺预览地图,让用户看到最终打印效果。

· 模板预览

功能描述:可以让用户看到打印后地图效果的整体布局与打印效果。

· 地图整饰

功能描述:让用户输入或修改打印地图的标题、作者以及版权所有等信息。

· 自定义幅面

功能描述:当标准 ISO 模板不能满足打印要求时,系统提供自定义幅面功能,让用户设定所需打印地图的长度和宽度,并可以修改打印的 DPI 值。

· 打印提交

功能描述:当各项地图参数设置完毕后提交后台打印,系统将自动进行处理,输出地图结果。

· 查看地图打印结果

功能描述:系统自动输出打印地图结果的链接地址,单击该地址将打开地图结果。

②专题图制作

a. GIS 常用功能

· 快速定位

快速定位功能标识模块在工具栏中,分两种方式定位:行政区定位和流域定位。定位后,在地图中高亮显示。同时,激活同步功能,即移动地图,在定位窗口实时显示当前视野中心的所在位置。

· 动态服务查询

动态服务查询激活按钮在工具条上,查询范围为添加到地图中的动态服务,通过右侧框中的下拉框选择查询的具体服务,默认为地图中顶层动态服务。

查询通过拉框绘制范围实现,查询结果在右侧面板中展示,结果可以通过转标注功能实现单个或者批量(根据用户需求)转化为标注保存到专题图中。

· 缓冲区查询

缓冲区查询激活按钮在工具栏上,缓冲区查询的范围为热点信息以及水利要素信息。同样,查询结果可以通过转化为标注保存到专题图中。

· 查找地点

查找地点功能位于工具栏中,查找的范围为江苏省内的热点信息以及水利要素信息。

· 距离量测

测量图上任意两点或多点之间的距离,根据测量结果数据,智能调整显示单位为 m 或者 km。

· 面积量测

测量图上任意范围的面积,根据测量结果值,智能判断显示单位为 m^2 或者 km^2。

· 地图缩放功能

地图缩放功能可以观察局部细节。

· 全屏

全屏标识在工具栏中,激活全屏功能时,不管打开的浏览器处于什么状态,只要执行全屏功能,系统将充斥整个屏幕。

· 水利要素快速查询

水利要素快速查询功能标识位于工具栏中,查询内容为水利要素大类或小类信息。

b. 查询

根据特定的查询需求新建查询专题图,查询类型包括路径查询和数据查询。

· 添加路径查询

专题制图中可以添加多条路径查询,查询结果都将保存在专题图中,同时,具有对现有路径进行编辑、删除、隐藏和显示功能。左侧列表中显示的路径查询名称以及数据查询名称的位置顺序可以根据需要任意调整。

· 添加数据查询

功能描述:对动态图层或本地添加的资源进行多条件组合查询,查询结果分别展示在地图图面上及右侧面板上,在地图上单击查询结果弹出相应的对话框进行属性信息及水利专题信息的查询,并且可将查询结果转换为标注的形式进行保存。

c. 图层

该功能模块主要管理系统中所有图形服务,以图层为对象,提供上移、下移、可见性控制、删除等操作。

· 添加专题图层

功能描述:提供数据服务管理窗口,可以对数据服务进行检索、添加、设置以及删除等操作。

服务检索与添加:可以添加的服务来源有两种,分别为平台资源和本地资源。添加平台资源时,用户可以选择按资源名检索或按部门名检索,检索平台中已注册的服务,添加到图形区。可以添加的服务类型包括 ArcGIS 静态切片服务、ArcGIS 动态服务、WMS 服务、WMTS 服务、聚合拆分切片服务、聚合拆分动态服务、数据采集服务。

添加本地资源时,用户可以选择 FileGDB 或者 Shapefile 的 zip 压缩包上传,并添加到图形区。

图层设置:管理系统所有图形服务中图层的可视性等,列表显示系统中所含有的全部服务。

过滤显示:主要提供对当前子图层继续属性过滤,设置过滤显示由选择过滤属性、设定过滤条件和设定显示结果 3 个步骤构成。也可以支持两个条件的组合设定,条件以 AND 或者 OR 连接。

符号化:可以分别设置和调整每一图层显示的颜色和符号。针对用户选择图层的要素类型,分别提供点样式调整、线样式调整以及面样式调整,设置各种图层要素的样式。提供 3 种符号化的方式,分别是全局符号化、分级符号化和唯一值符号化。

全局符号化:对所有要素使用同样的符号。

分级符号化:允许用户为特定属性值范围内的一组图形指定符号。

唯一值符号化:使用唯一值符号化可以为具有特定属性值的要素定义符号。

信息挂接:可以将当前子图层与另一属性表进行挂接,挂接成功后,支持对挂接上的属性进行过滤显示和符号化。

· 添加标注图层

几何图形标注:可在地图上添加点、线、面、文字等普通图形以及箭头、旗标、汇集区域等特殊态势图形。

多媒体标注:可在地图上添加文本框、图片标注、视频标注和报表标注。

水利要素标注:可在地图上添加水利要素标注,选择的标注用相应的符号样式来显示。

标注设置:提供编辑工具条,可对已添加到地图上的标注进行修改,包括样式修改和图形修改,也可删除选择的标注。

标注显示控制:在图层列表提供显示开关,可控制单个标注或整个标注图层的显示与否。

· 添加统计分析

对动态图层或本地添加的资源进行统计分析,分为分级设色图、等级符号图、饼状图、柱状图 4 种统计方式。

分级设色图:将地理要素的一组属性值划分为多个范围段,可以等间距分级,也可以自定义分级间距,对每个范围赋予不同的颜色,进而对地理要素进行符号绘制。

等级符号图:将地理要素的某一属性字段信息映射为不同等级,每一级分别使用大小不同的点符号表示,符号的大小与该属性字段值成比例进行展示。

饼状图:将多列相关数据做成饼图,在地图上显示。

柱状图:将数据中的多列适合比较的值,根据数值的大小,绘制成柱状统计符号,生成一幅专题地图。

d. 图例

功能描述:对地图上各种符号和注记的说明,提供预览和下载功能。

12. 门户网站

江苏省水利地理信息服务平台门户网站用于将平台中子系统的不同功能有效地组织起来,为用户提供一个统一的信息服务功能入口,并利用相关的门户技术实现资源共享。

在功能设计上,平台门户网站以资源共享为中心,具备地理信息浏览、在线业务处理、信息动态展示等功能。支持资源的共享、发布、检索、申请使用,提供系统的运行维护、用户管理和资源管理。

在栏目布局上,通过对平台功能的划分,对栏目和专题进行层次化设计和包装,确定栏目设计。主要栏目分类如下:首页、浏览地图、应用中心、资源中心、我的平台、信息基地、平台新闻、开发者中心,如图 4-33 所示。

网站为用户提供了访问平台的统一门户,通过调用服务系统所提供的各种面向服务架构(SOA)的数据接口服务和功能接口服务,充分展示出平台中所有的数据资源以及在这些数据资源的基础之上所开发出来的各种相关服务和应用。

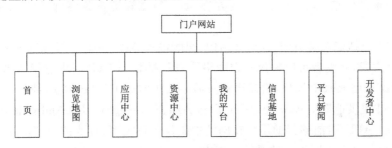

图 4-33　门户网站功能结构图

(1)首页栏

功能描述:本栏目起到导航作用,用户可以通过本栏目快速找到需要访问的内容。本栏目包含栏目分类、应用导航、水利新闻、网站公告、资源展示、网站概况、联系我们等。同时首页也是一个模板,用户可以通过删减本网站的功能栏目来快速定制属于自己的首页,提供快速定位到自己常用的功能,用户也可以自行再加入自己常用的连接网站等个性化元素。

(2)浏览地图栏

功能描述:浏览地图通过数据列表加载地理信息基础服务,浏览显示地理框架数据、地名地址、电子地图、影像地图等,同时提供信息查询、底图配置、专题图层、统计分析和超级标注等功能,对浏览的服务进行查询、分析或个性化标注。

(3)应用中心栏

功能描述:应用中心栏利用平台提供的一系列数据服务接口、功能服务接口、开发服务接口,聚合整合平台提供的各种服务,搭建包括专题制图、降雨量等值线、河景影像、三维地图、服务拆分与聚合、智能报表、数据采集、信息发布、编码查询和地图配置的一系列应用功能,为水利管理人员、公众等提供在线水利地理信息应用服务。

(4)资源中心栏

功能描述:资源中心通过提供资源注册、资源查询、资源申请使用与管理,为用户提供资源共享使用的途径,共享的资源包括服务类资源和数据类资源两大类。

在资源中心栏中,用户可以进行资源注册、资源查询、资源上传、资源申请与使用、资源详情浏览等操作。

(5)信息基础栏

功能描述:市水利地理信息服务平台和县水利地理信息服务平台是本项目建设平台的试点,通过其建设为全省各级服务平台的互联互通、数据共享积累经验,奠定基础。经过研究比较,市级水利地理信息服务平台选择南京市为示范市,实现市级节点水利信息的资源注册和目录管理,省市平台之间的目录同步;县级水利地理信息服务平台选择江阴市为示范县,实现县级节点水利信息在省平台的托管,分别建成相应级别和各具特点的水利地理信息服务平台。本栏目通过列表形式提供南京市平台和江阴市平台门户网站的链接入口。

(6)开发者中心栏

功能描述:提供帮助文档、服务端 API 和客户端 API。

使用帮助文档帮助用户快速了解平台提供的功能,提供相应的用户指南、应用开发指南、服务条款等,包括使用平台服务需要遵守的管理制度、维护制度和安全保密措施,以及服务的标准、法规等方面的信息,如地图共享管理办法、委托数据管理业务、数据加工业务、共享服务集成等。

服务端 API 包括资源类 API、等值线 API、智能报表 API、三维 API 和功能服务 API,API 调用为 HTTP 方式,开发者可以按照规定的格式自行拼装 HTTP 请求进行 API 调用。服务端 API<接口>采用 REST 风格,只需要将所需参数拼装成 HTTP 请求,即可调用。

客户端 API 提供地图 JavaScript API、Flex API、Silverlight API、Android API、iOS API、Windows Phone API 等,能够帮助用户在网站中制作各种类型、行业的地图应用,还可以使地图功能以模块化集成在不同类型的系统应用中。

(7)平台新闻栏

功能描述:向门户用户提供水利新闻动态等最新信息,使用户了解到公共服务平台的动态。在门户网站主页上,这些信息以列表的形式展现。

(8)运维管理栏(我的平台)

功能描述:运维管理主要有系统管理、用户管理和服务管理。系统管理包括目录管理、日志管理、云端运维、站点管理和服务器巡检,实现对系统访问的全过程监控管理。用户管理则可以进行组织机构管理、用户管理、角色管理、权限管理。

资源管理主要负责管理平台用户部署发布的各种服务,包括管理和维护公共服务平台的基本服务、地理信息共享服务等,为资源发布部署、互联互通和在线运行监控提供管理手段。包括资源运行状态控制、服务运行监控巡检、共享与托管用户监控。

13. 应用定制系统

(1)服务端设计

应用定制系统负责地图模板的创建、服务的配置、模板内功能模块的配置以及模板信息的设置。

结合应用定制系统的前台配置流程,可以将后台接口功能设计分为 4 个部分,如图 4-34 所示。

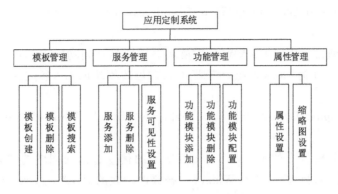

图 4-34　应用定制系统接口模块图

接口功能介绍如下。

①接口：Configuration getConfig(String tpl)

详细描述：获取地图模板,在地图浏览系统中的服务端设计有详细介绍。

②接口：Configuration getConfig()

详细描述：获取当前客户端访问的地图模板,当客户端访问后台服务时,记录访问的模板 ID,在接下来的处理中,就不再需要客户端传递模板 ID。

③接口：List getOperaLayers(String tpl)

详细描述：获取模板中的操作服务,参数 tpl 为模板 ID。

④接口：List getAllLayersFromTpl(String tpl)

详细描述：获取模板中所有的服务,参数 tpl 为模板的 ID 值。

⑤接口：List queryLayersFromTpl(String name)

详细描述：查询应用定制模板,参数 name 为模板包含的名称。

⑥接口：List getAllTpls()

详细描述：获取所有的应用定制模板。

⑦接口：Configuration create(String name，String desc)

详细描述：创建应用定制模板,参数 name 为模板名称,参数 desc 为模板描述信息。

⑧接口：void save(String tpl，Configuration configuration)

详细描述：保存应用定制配置模板,参数 tpl 为模板 ID,configuration 为模板内容。

⑨接口：void save(Configuration configuration)

详细描述：保存当前客户端访问的应用定制模板,参数 configuration 为模板内容。

⑩接口：void delete(String tpl)

详细描述：删除模板,参数 tpl 为模板的 ID 值。

⑪接口：void updateDockWidget(String tpl，Configuration. Widget widget)

详细描述：更新模板中的 DockWidget 数据,参数 tpl 为模板的 ID 值,widget 为模板中的 DocWidget 的数据内容。

⑫接口：void updateDockWidget(Configuration. Widget widget)

详细描述：更新当前客户端访问的模板的 DockWidget 数据,参数 widget 为模板中的 DocWidget 数据内容。

⑬接口:void updateDockWidgetWaterResources(String tpl, String id, JSONObject waterResources)

详细描述:更新模板中的 DockWidget 模块下的信息查询功能中的水利要素信息。参数 tpl 为模板的 ID 值,id 为 DockWidget 模板中的被修改模块的 ID,参数 waterResources 为需要更新的数据内容。

⑭接口:void updateDockWidgetUrlMapping(String tpl, String id, JSONObject urlMapping)

详细描述:更新模板中的 DockWidget 模块下的信息查询功能中的映射 URL 值。参数 tpl 为模板的 ID 值,参数 id 为 DockWidget 中被修改模块的 ID,参数 UrlMapping 为信息查询模块中的 URL 映射内容数据。

⑮接口:void updateDockWidgetInfoWindow(String tpl, String id, JSONObject infoWindow)

详细描述:更新 DockWidget 模块中信息查询模块的 InfoWindow 配置数据。参数 tpl 为模板的 ID 值,参数 id 为被修改模块的 ID,参数 InfoWindow 为模块中需要更新的内容。

⑯接口:void updateDockWidgetLeftList(String tpl, String id, JSONArray leftList)

详细描述:配置信息查询模块中的搜索模块的查询结果展示字段内容。参数 tpl 为模板 ID,参数 id 为被修改模块的 ID,参数 leftList 为搜索模块查询结果在左侧面板展示的字段值的配置。

⑰接口:void updateDockWidgetInfoName(String tpl, String id, String text)

详细描述:修改 DockWidget 下的信息查询模块的名称,如将"信息查询"更新为"查询"。参数 tpl 为模板的 ID 值,参数 id 为被修改模块的 ID 值,参数 text 为修改后的名称。

⑱接口:void updateDockWidgetInfoIcon(String tpl, String id, String text)

详细描述:修改 DockWidget 下的信息查询模块的 Icon 的名称,参数 tpl 为模板 ID 值,参数 id 为需要修改模块的 ID 值,参数 text 为模块修改后的内容。

⑲接口:void updateBaseMessage(JSONObject msg, String tpl)

详细描述:修改应用定制模板中的属性信息,参数 tpl 为模板 ID 值,参数 msg 为设置的属性数据。

⑳接口:List getBaseMapLayers()

详细描述:获取客户端访问的应用定制模板中的基本类型的服务。

㉑接口:List getThemeLayers()

详细描述:获取配置文件中\resources\config\config.cfg 中 Themelayers 字段的数据内容。

㉒接口:List getDataList()

详细描述:获取配置文件\resources\config\config.cfg 中的 DataList 字段数据内容。

㉓接口:void addBaseMapLayer(Service service, String tpl)

详细描述:添加服务到应用定制模板中的基本类型容器中。参数 service 为 Service 类型的实例对象,参数 tpl 为模板 ID 值。

㉔接口:void addOperaLayer(Service service, String tpl)

详细描述:添加服务到应用定制模板中的操作类型容器中。参数 service 为 Service 类型的实例对象,参数 tpl 为模板 ID 值。

㉕接口:void removeLayerOnTpl(String layerId, int type, String tpl)

详细描述:从应用定制模板中删除对应的地图服务,参数 layerId 为服务的唯一标识 ID,参数 type 为服务所在模板中的容器类型,基本服务容器以及操作服务容器,参数 tpl 为模板的唯一标识 ID。

㉖接口:void modifyLayerOnTpl(Service layer, int type, String tpl)

详细描述:修改地图服务在应用定制模板中的状态,参数 layer 为修改后的服务,type 为服务所在应用定制配置模板中的容器(基本类型服务容器和操作服务容器),参数 tpl 为模板唯一标识 ID。

㉗接口:void changeLayerPosition(Service layer, int type, String tpl)

详细描述:修改地图服务在应用定制模板中的容器位置,参数 layer 为服务对象,参数 type 为服务类型容器,参数 tpl 为模板唯一标识 ID。

㉘接口:List Json2Ztree(Map jsonObj)

详细描述:将 JSON 转化为 Ztree 数据规范类型对象。

㉙接口:List getLods(String tpl)

详细描述:获取应用定制模板中的 Lods 数据内容。

㉚接口:void setLodsOnTpl(JSONArray array, String tpl)

详细描述:设置应用定制模板中的 Lods 数据内容。

㉛接口:void setInitExtent(Extent array, String tpl)

详细描述:设置地图应用定制模板中的初始范围,参数 array 为初始范围数组数据,参数 tpl 为模板唯一标识 ID。

㉜接口:Map loadExtent(String tpl)

详细描述:获取地图应用定制模板中的初始范围数据,参数 tpl 为模板的唯一标识 ID。

㉝接口:void updateOverMapAndNav(String tpl,int overMap, int nav)

详细描述:设置地图应用定制模板中的地图鹰眼模块以及地图中的导航条模块。参数 tpl 为模板的唯一标识 ID,参数 overMap 为鹰眼状态,参数 nav 为导航条状态。

㉞接口:public Boolean polygonContainPoint(JSONArray ptArry, JSONArray polygonArr)

详细描述:判断点是否在多边形之内,前台模块体现在实时显示当前地图所在位置。接口被地图浏览以及专题制图调用,在专题制图系统的服务端详细设计就不再做介绍。参数 ptArry 为点数据对象,polygonArr 为多边形数据对象。

㉟接口:public Boolean multiPoygonContainPoint(JSONArray ptArry, JSONArray multiPolyArr)

详细描述:判断点是否在多边形之内,前台模块体现在实时显示当前地图所在位置。接口被地图浏览以及专题制图调用,在专题制图系统的服务端详细设计就不再做介绍。参数 ptArry 为点数据对象,polygonArr 为多边形数据对象。

㊱接口:public String getpoiUrl()

详细描述:获取热点以及水利要素查询的 URL 地址,地图浏览和专题制图系统都有涉及,专题制图系统服务端详细设计中不再做介绍。

㊲接口:public String print(String jsonStr)

详细描述:将服务的代理地址转换为原始地址,打印功能使用。

(2)客户端设计

地图应用定制系统从宏观上可以分为服务管理、模块管理以及属性设定3部分,通过3步的设置,用户可以定制符合功能需求的模板,模块可以在地图浏览系统中浏览。

①服务管理

模块名称:layers-display。

模块描述:模板中的服务分为基本底图和操作图两部分,所有添加的服务都添加在这两个地图容器中,地图浏览系统将会对这两部分的服务解析、显示。

模块功能:容器中的服务可以通过选择部门列表中的发布服务列表,添加服务到模板中。已经添加到服务中的列表服务显示禁止添加状态。

同时,可以修改添加服务在系统中显示的名称、控制是否在系统中显示以及在服务存在多种格式时,选择添加到系统中的格式。如需要移除在容器中的服务,鼠标放置在该条服务之上,服务的右侧出现删除标识,单击即可从容器中删除服务,且可以用鼠标拖动服务调整服务所处容器位置。

②模块管理

模块名称:widgets-display。

模块描述:该模块定制模板中需要的功能模块以及功能模块中的具体参数设定。

a. 模块管理

模块管理设计对模块的添加、删除操作。模块定制分为左侧功能模块、工具功能模块以及自由功能模块。

单击界面右上角展开的列表中展示了所有的功能模块,配置时只需要将相应的功能模块拖动到相应的位置中就可以了。

左侧面板中的模块和工具条中的功能模块配置也是同理,且拖动配置好的模块可以调节模块之间的位置。

b. 模块设置

模块设置对配置到模板中的模块进行参数设定。

可以修改模块名称、图标以及每个模块内的特定内容,信息查询模块包括水利资源配置、关联查询配置、弹出框字段配置以及左侧列表字段配置。

c. 其他设置

目前,其他设置包括对系统Lods设定,展示初始范围设定。

Lods设定:Lods设置可以导入服务的Lods以及对导入Lods的增、删、改编辑。

初始范围设定:调整界面中地图的位置,单击左下角中的“设置范围”按钮,就可以将该状态设定为模块初始地图范围。

③属性设定

模块名称:attr-display。

模块描述:属性设置内容涉及模板名称的设定、应用图标、所属单位、地理处理服务地址、应用描述、创建时间以及应用缩略图。

功能描述:属性设置内容将在模板中得到体现。应用名称、缩略图的设定在定制系统的首页区分。

14. 地图浏览系统

(1)服务端设计

地图浏览系统服务器端代码量不大,用来读取地图模板,为地图浏览系统提供所需要的数据。

接口:Configuration getConfig(String tpl)

详细描述:获取地图模板数据,参数 tpl 为地图模板的 ID 值。Configuration 为一个实例对象,对应配置文件\resources\config\Default. tpl 中的内容。

(2)功能设计

地图浏览系统主要实现数据列表显示、信息查询、路径搜索、底图配置、专题图层添加、统计分析、标注添加等功能以及快速定位、地图放大缩小、距离面积量测等基本功能。系统功能框架如图 4-35 所示。

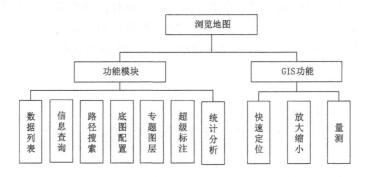

图 4-35　地图浏览系统功能框架图

1)数据列表

模块名称:DataList

功能描述:主要是管理平台中所有数据服务的可见性,列表显示平台所包含的数据服务,提供复选框 ☑,用以控制相应的数据服务是否加载显示。图层不可视时,不是从系统中删除,而是暂时设置其不可见。同时可对数据进行分屏显示。

2)信息查询

模块名称:Search

模块描述:信息查询模块包括 4 个子模块,分别为搜索、路径查询、数据查询以及坐标定位。

功能描述:

①搜索。搜索范围为热点(兴趣点)和水利要素,由关键字搜索和分类搜索两部分构成。

关键字搜索和分类搜索结果在左侧界面展示结果的形式上、地图中的形状以及 InfoWindow 的布局都是有区别的。

InfoWindow 展示查询结果名称、两个字段属性(在配置文件中体现)、水利要素分类。集成将点转化为路径查询模块中的起始点功能、分享功能、信息挂接功能(水利要素)、关键字搜索功能(带缓冲)以及分类搜索功能(带缓冲)。

②路径查询。路径查询由起始点输入框、起始点交换按钮以及执行按钮组成。对于起点和终点的输入有两种方式,点选地图位置和输入地点名称。不管哪种方式都带有相关的智能

提示,提示最大条数为10条。如果用户意向地点不在提示返回内,则可以选取提示下方的取消按钮,此时则以用户选取点的坐标作为起点或终点。

③数据查询。数据查询的范围为动态服务,所以,在做此操作之前必须要在地图中添加需要查询图层的动态服务。

数据查询实现通过属性以及空间对动态图层查询。界面由3部分构成,第一部分为选择被查询图层,第二部分为选择查询类型,第三部分为具体执行选择。

字段查询为输入查询条件对选中图层做查询。范围查询由点选、线选、矩形选择、圆形选择以及多边形选择5种查询方式构成。区划查询是基于行政区的查询,用户根据需要可以选择市、县或区对图层查询。

查询的结果将显示在结果列表中,并且与地图中绘制的查询结果实现互动,查询数据的属性通过弹出框方式显示。

④坐标定位。坐标定位实现在地图中定位用户输入的坐标。

坐标定位主要是实现缓冲区查询,由坐标输入以及执行按钮构成。当用户输入需要定位坐标点执行定位时,在列表框中将显示定位信息以及在地图中出现定位坐标点。单击列表中的结果或者单击地图中的定位点,将出现弹出框,通过弹出框实现热点或水利要素的缓冲区查询。

3)底图配置

模块名称:BasemapConfig

功能描述:依据应用需求,选择所需矢量或影像的地图服务作为底图。

4)专题图层

模块名称:ThematicMap

图层方案功能描述:提供对预先定义好的图层方案加载到当前地图中功能。

添加服务功能描述:通过服务名称或部门名称来查询各类地图服务,进行服务的添加或删除操作。

图层设置功能描述:对添加到地图中的图层进行设置,可以控制图层的可见性、透明度,调整图层上下位置,并能进行过滤显示和分级显示。

5)统计分析

模块名称:StaticsAnalysis

选定图层功能描述:对预先定义好的专题图层方案中需要统计分析的动态图层进行选择,并选择相应的统计模板,包括饼图、柱状图、分级设色图、等级符号图4种模板。

统计设置功能描述:对选择的图层做设置,包括字段的选择、颜色的设置、统计的级别、统计值的确定等,在设置完毕后单击"显示统计图"即可显示相应的专题统计分析结果。

6)超级标注

模块名称:SuperMark

添加标注功能描述:提供点、直线、曲线、矩形、圆形、多边形、自由面和文字等标注的添加功能。用户通过选择需要创建的标注类型,在地图上即可画上相应的标注。

标注管理功能描述:对已添加到地图的标注进行设置,修改颜色、大小等样式,还能对标注的上下位置进行移动,也可对标注进行删除操作。

标注关联信息功能描述:对添加到地图的标注可以修改其名称及备注信息,上传该标注关联的图片、视频或报表。

7）工具条

①快速定位

功能描述：将当前地图定位到指定的区域。

·区域定位：根据行政区划来进行定位。

·流域定位：根据流域来进行定位。

②放大

功能描述：放大用户所选的区域。通过鼠标单击、拉框放大两种方式实现该功能。

③缩小

功能描述：缩小用户所选的区域。通过鼠标单击、拉框缩小两种方式实现该功能。

④长度测量

模块名称：MesLine

功能描述：单击"长度测量"按钮后，长度测量被激活。鼠标在图形上单击被捕捉，每单击一次，长度将被计算，显示在图形上，双击结束测量。

⑤面积测量

模块名称：MesArea

功能描述：单击"面积测量"按钮后，面积测量被激活。鼠标在图形上单击将被捕捉，绘制的多边形的面积被计算，结果显示在图形上。

4.3.4　典型应用

典型应用集成专题制图系统、降雨量等值线系统、河景影像系统以及三维地图系统。

1. 服务端设计

信息发布系统为典型应用系统，融合其他系统模块进行展示，服务端调用的其他系统的服务端，下面对信息发布系统的服务端涉及的接口进行介绍。

1）接口功能设计

服务端接口设计依据系统功能模块进行，图 4-36 为系统功能模块关系。

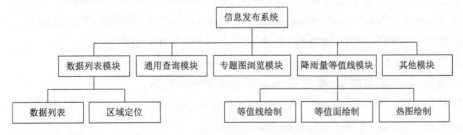

图 4-36　典型应用系统接口模块图

2）接口功能介绍

①接口：public List getServerDirTree(int type)

详细描述：获取数据库中数据列表，参数 type 为数据列表类型，默认为 0。

②接口：Region findRegion(String regionCode)

详细描述：获取行政区对象数据，参数 regionCode 为行政区的行政代码，唯一值。

③接口：List<Region>getChildren(String region)

详细描述：获取下一级别的行政区的所有行政区对象数据，参数 region 为父行政区的行政区代码，唯一值。

④接口：List<Region>getChildren4Shape(String region)

详细描述：获取下一级别的行政区的所有 shape 字段数据，参数 region 为父行政区的行政区代码，唯一值。

⑤接口：List<Region>getChildren4SimplyShape(String region)

详细描述：获取下一级别的行政区的所有 SimplyShape 字段数据，参数 region 为父行政区的行政区代码，唯一值。

⑥接口：List<Region>getAllChildrens(String region)

详细描述：获取父级行政区下的所有行政区，不仅是下一级别的行政区。参数 region 为父行政区的行政区代码，唯一值。

⑦接口：Map getUsrMsg()

详细描述：获取当前用户的所有专题制图模板内容信息。

⑧接口：String getConfigById(String mapId)

详细描述：获取专题制图模板的配置内容，参数 mapId 为专题制图模板唯一值。

⑨接口：public List<RainBorder>getRainBorders()

详细描述：获取所有边界列表。

⑩接口：public RainBordergetRainBorderByBorderId(String borderId)

详细描述：获取一个边界数据，参数 borderId 为边界数据唯一标识。

⑪接口：public List<RainTemplate>getRainTemplates()

详细描述：获取所有降雨等值线模板。

⑫接口：public RainTemplategetRainTemplate(String id)

详细描述：获取降雨等值线模板，参数 id 为降雨等值线模板唯一标识。

⑬接口：public List<RainTemplate>getRainTemplateByUserId(String userId)

详细描述：获取所有发布的降雨等值模板，参数 userId 为用户唯一标识。

⑭接口：public RainTemplatesaveRainTemplate(RainTemplaterainTemplate)

详细描述：创建降雨等值线模板，参数 RainTemplate 为模板内容。

⑮接口：public CityCodegetCity(String cityCode)

详细描述：获取城市信息，参数 cityCode 为城市唯一编码。

⑯接口：public String getDzxZdmInfo(String sdate, String edate, StringrainLevel, StringborderId, StringborderData, StringrainData)

详细描述：获取江苏省实时库降雨等值线数据，数据以 xml 格式展示。参数 sdate 为起始时间，参数 edate 为截止时间，参数 rainLevel 为雨量等级参数，参数 borderId 为边界数据唯一标识，参数 borderData 为边界数据字符串，参数 rainData 为雨量数据字符串。

⑰接口：public String getDzxDzmInfoProvinceHistory(String sdate, String edate, String rainLevel, String borderId, String borderData, String rainData)

详细描述：获取江苏省历史库降雨等值线数据，数据以 xml 格式展示。参数 sdate 为起始时间,参数 edate 为截止时间,参数 rainLevel 为雨量等级参数,参数 borderId 为边界数据唯一标识,参数 borderData 为边界数据字符串,参数 rainData 为雨量数据字符串。

⑱接口:public Map insertData(String dzxre, String dzmre, String ylzre)

详细描述:将绘制的降雨等值线发布为 wms 服务,参数 dzxre 为等值线字符串,参数 dzmre 为等值面字符串,参数 ylzre 为雨量站字符串。

2. 客户端设计

根据用户需求,在功能模块中设计数据列表展示、行政区域定位、通用查询、专题图查看、降雨量等值线、河景影像以及三维地图模块。工具栏中实现全屏、放大、缩小、图形后退前一状态、图形前进前一状态、测量长度、测量面积、Identify 查询、打印等功能。图形区实现有矢量底图和影像地图切换、比例尺、经纬度坐标以及导航条功能。

(1)数据列表

模块名称:DataList

功能描述:通过数据服务列表和区域定位两种方式来查看相应的地图内容。

①服务列表:主要是管理平台中所有数据服务的可见性,列表显示平台所包含的数据服务,提供复选框☑,用以控制相应的数据服务是否加载显示。图层不可视时,不是从系统中删除,而是暂时设置其不可见。同时可对数据进行分屏显示。

②区域定位:按照行政区划来进行定位,单击目录树中的行政区划名称,相应的行政区范围在地图中高亮。

(2)服务资源

模块名称:PUBLayersList

模块描述:对某一用户下的所有图层服务资源进行查看,用户可通过提供的复选框☑,用以控制相应的图层是否加载显示。

(3)通用查询

模块名称:PUBSearch

模块描述:通用查询分为简单查询和高级查询,简单查询通过关键字对所有水利要素进行查询;高级查询在指定的水利要素类型下查询。

(4)专题图查看

模块名称:TMV

模块描述:对某一用户下的所有专题图信息进行查看,包括基本的底图展示、统计分析、数据查询及高级标注等,用户可通过提供的复选框☑,用以控制相应的专题图是否加载显示。

(5)降雨量等值线

模块名称:PUBRain

模块描述:选择分析区域、数据源后,通过绘制等值线、等值面、热图 3 种方式展示降雨量数据。

功能描述:降雨量等值线功能是一个复杂的功能,从后台对数据的查询、计算、处理、整合、传送到前台对返回数据的处理、渲染绘制,都伴随着大量的数据以及复杂的处理算法。下面针对各项功能进行详细说明。

①等值线绘制:等值线是将相同降雨量的点互相连接,形成一个封闭的环。

②等值面绘制:等值面是根据划分的等级,将在其范围内的点绘制成一个用一种颜色表示的不规则的多边形上。

③热图绘制:热图绘制相比等值面绘制更加突出重点,从宏观上观察降雨量大的分布地区。热图信息由后台算法计算渲染产生,前台展示的方式开发。

④发布服务:此功能将当前绘制的降雨等值线、降雨等值面、热图发布 WMS 类型的服务,同时在系统资源中心统一管理。

⑤保存模板:将绘制参数以模板的形式进行保存,便于共享、重复查询。

⑥设置:对前台绘制图形参数的设定。

⑦任意区域绘制:任意区域绘制是对行政区绘制的补充,用户可以根据需要查询任意区域中的降雨量数据,同样可以通过降雨等值线、降雨等值面、热图等形式查看。

(6)河景影像

模块名称:PUBRain

模块描述:提供对河景影像系统的展示,通过单击"河景影像"按钮直接触发到河景影像系统的界面。

河景影像是省水利地理信息服务平台的一个典型应用,范围为"东山—三汊河河口闸"段大约 24.1 km 的河道。先由船搭载专用采集设备对范围内的河道进行拍摄,然后把采集到的真实反映河道及河道两侧情况的影像数据存储在服务器中,与空间位置相关联,并通过网络服务发布出来,供用户使用。用户可通过全景、模拟行驶等方式查看河道景观。

该应用的主要功能:河景浏览、河景查询、实用工具、模拟行驶、沿河水利工程管理 5 项内容。

河景全景的界面包含河景查询、实用工具、模拟行驶、沿河水利工程管理、导航图以及当前站点附近水利设施的提示栏。

1)河景地图

①地图浏览

功能描述:勾选地图服务,查看图形或添加登录用户可用的资源服务,再勾选显示相应图形。

②跳转河景

功能描述:沿着河景路线移动将出现当前鼠标位置处的河景缩略图,单击鼠标左键跳转到缩略图对应河景全景位置。

2)河景全景

①河景查询

a.关键字或全名查询

在输入框中输入相应河道名称或关键字,单击"搜索"按钮将查询出该河道内的全部水利工程设施。可在查询结果中,单击一行结果跳转到对应的水利工程设施全景中。

b.图层树单击查询

展开图层树的按钮位于图层树右侧,通过单击该按钮展开相应河道的全部水利工程设施,在图层树叶子节点上单击将跳转到该水利设施的全景中。

②实用工具

a.自动漫游

单击"自动漫游"按钮,将沿着当前方向播放沿河的河景影像全景照片,也可以设置漫游步数,以设置的步数漫游河景。

b. 距离量测

单击"距离量测"按钮,弹出设置框,选择测量方式(面片方式测量或深度图方式测量),并设置线条宽度颜色和显示的文字大小颜色,单击测量全景中两点之间的距离,双击结束本次测量。

c. 面积量测

单击"面积量测"按钮,弹出设置框,选择画面积工具(矩形、圆形或多边形),并设置相应边框,填充颜色和显示的文字大小颜色,画相应图形测量所画图形面积。

d. 标注操作

标注的显示和隐藏,通过单击"标注"按钮弹出带有选择框的对话框,通过勾选确定是否显示标注信息。通过设置显示距离,使得在多少米范围内可见标注。

③模拟行驶

功能描述:在显示河景范围的二维地图上,单击选择起点和终点,并设定时间间隔,单击"开始"按钮将在起末点的河景范围内沿河播放河景照片,也可以单击"暂停"按钮停在当前站点浏览该站点 360°的全景照片。

④沿河水利工程管理

功能描述:对水利工程设施分类构造二级树结构,通过单击相应大类下的具体水利工程设施,跳转到相应水利工程设施全景位置,同时以表格的形式显示该设施的属性信息。

(7)三维地图

模块名称:PUB3DView

模块描述:三维地图典型应用包括三维地图浏览、图层管理、搜索分析、二三维联动、功能服务聚合和数据共享 6 个模块。

1)三维地图浏览

功能描述:三维地图浏览包括缩放到江苏省全图、距离量测、面积量测、高程量测及清除工具,实现用户浏览三维地图时做的一些基本量测操作。

2)图层管理

功能描述:图层管理主要包括二维数据、三维模型、视点、标注、路径等图层的显示浏览和定位,本地和共享数据的添加、删除、显示和定位,其中,本地数据包括模型、标注、服务和视点,共享数据包括平台中共享的模型、标注和服务。

①图层显示和定位

功能描述:通过勾选图层(二维数据、三维模型、视点、标注)控制图层显示状态,单击相应图层名定位到具体的图层元素。

②路径交互式浏览

功能描述:提供多种模式(飞行模式、驾驶模式)浏览三维路径,并通过"开始""暂停""继续""停止"进行浏览控制,在此过程中可从上、左、右多个视角浏览飞行路径。

③添加本地数据

功能描述:可添加本地模型(.xpl、.xpl2、.x、.3ds.dae 格式)、标注(.fly)、服务和视点,添加后,这些本地数据会自动加载到三维图层树本地列表对应的类型中。

④添加共享数据

功能描述:可添加平台共享的模型、标注和服务,添加后,这些共享数据会自动加载到三维图层树共享列表中。

3)搜索分析

功能描述:通过输入三维地图元素关键字,查询三维地图图层树中包含该关键字的元素,显示搜索到的元素所在的具体图层位置,并提供元素的定位。

提供多种形式的三维分析工具,包括视线分析、视域分析、坡度分析,并可根据需要设置视域分析结果的相应显示效果。

①地图搜索

功能描述:针对三维地图中元素名称的关键字进行模糊检索,可显示包含该关键字的所有地图元素条数,地图元素的名称及地图元素所在的具体图层,单击搜索结果可实现该元素的快速定位。

②三维分析

功能描述:通过三维分析工具提供三维地图中特有的空间分析功能,包括视线、视域和坡度 3 种分析方式。

4)二三维联动

功能描述:提供二三维地图列表展示,通过二三维地图的位置变化实现互相联动,也可以切换二三维分屏、三维全屏、二维全屏多种显示模式,以更加清楚、方便地浏览二三维地图。另外,可在二三维地图中同时添加共享和本地两种方式的二维地图服务,并可同时控制地图服务的显示及删除。

①二三维地图列表

功能描述:展示基础的二三维地图列表,三维图层中包括二维数据、三维模型、视点、标注等多类元素,二维地图列表包括二维底图及用户需要的一些二维地图服务,可通过基础地图查看二三维位置联动的效果。

②添加、删除二维地图服务

功能描述:提供两种方式的二维地图服务添加,即共享服务和本地服务,二维服务添加后即可显示在相应的三维和二维服务列表中,用户可通过列表同时在二三维地图中添加服务的显示、隐藏和删除。

③二三维地图位置联动

功能描述:通过三维地图位置变化引起二维地图位置变化,同时,可通过二维地图位置变化引起三维地图位置变化,以实现二三维地图在位置上的基本对应。

5)功能服务聚合

功能描述:通过读取总平台中降雨等值线、智能报表、地图配置和专题图服务列表,在三维地图中实现这些服务的添加、显示和删除。

①降雨量等值线服务

功能描述:读取平台中的降雨量等值线列表,选择添加后,降雨量等值线添加到三维地图中,用户可通过已添加列表控制服务在三维地图中的显示和删除。

②智能报表

功能描述:读取平台中的智能报表列表,选择后可在新的页面中打开该用户可使用的智能报表。

③地图配置和专题图服务

功能描述:读取平台中的地图配置和专题图服务列表,选择添加后,符合三维规范的地图配置和专题图服务(点、线、面、标注和图片)会添加到三维地图中,用户可通过已添加列表控制服务在三维地图中的显示和删除。

6)数据共享

功能描述:包括标注共享和模型共享,提供总平台中用户已共享和已上传的标注及模型列表,并可实现标注和模型的添加和共享。

①标注共享

功能描述:提供平台中的共享标注列表,用户可通过设置标注颜色、字体大小和名称来新建标注,并把当前新建的标注保存到本地,再选择已保存的标注文件实现标注文件的添加、上传,上传后可通过总平台注册页面完成标注文件的注册共享。

②模型共享

功能描述:提供平台的共享模型列表,用户可选择本地单个模型添加到三维地图场景中,也可以选择带贴图的模型压缩包,上传到服务器并实现上传模型的共享。

(8)工具条

1)全屏

模块名称:Fullscreen

功能描述:全屏顾名思义,就是不管打开的浏览器处于什么状态,只要执行全屏功能,系统将充斥整个屏幕。

2)放大

功能描述:放大用户所选的区域。通过鼠标单击、拉框放大两种方式实现该功能。

3)缩小

功能描述:缩小用户所选的区域。通过鼠标单击、拉框缩小两种方式实现该功能。

4)前一视图

功能描述:地图显示范围移动到上一次操作的地图范围。

5)后一视图

功能描述:地图显示范围移动到下一次操作的地图范围。

6)长度测量

模块名称:MesLine

功能描述:单击"长度测量"按钮后,长度测量被激活。鼠标在图形上单击被捕捉,每单击一次,长度将被计算,显示在图形上,双击结束测量。

7)面积量测

模块名称:MesArea

功能描述:单击"面积量测"按钮后,面积量测被激活。鼠标在图形上单击将被捕捉,绘制的多边形的面积被计算,结果显示在图形上。

8)Identify 查询

模块名称:Identify

模块描述:Identify 查询的范畴为添加到图形界面中的动态服务。

功能描述:Identify 查询本质上是空间查询,当查询功能激活时,单击地图将查询单击范围内的所有动态图层,获取其属性值,同时图形高亮显示。

9)地图打印

模块名称:PubPrint

功能描述:支持将当前地图内容直接在线出图为高清地图文件,地图内容支持标准 OGC 的地图服务(如 WMS、WMST、WFS 等)、标绘图元和查询结果集等,地图出图文件支持 PDF、JPG、GIF 等格式,提供符合 ISO 标准的多种打印模板,能够满足日常地图出图各种场景需要。

①纸张类型

功能描述:可以选择打印纸张大小,支持 ISO 标准的多种纸张类型,也可以自定义打印幅面大小(仅用于输出地图内容,无地图整饰)。

②地图比例尺

功能描述:用于控制打印比例尺大小,支持自动获取或者手动输入。

③出图格式

功能描述:用于选择所需的出图格式,支持打印文件格式有 PDF,PNG32,PNG8,JPG,GIF。

④框选地图范围

功能描述:该功能提供在地图显示区域进行框选,系统自动移动显示到框选范围,利于用户选择打印地图范围。

⑤固定当前视窗

功能描述:选择固定当前视窗后,地图的显示窗口将固定在当前范围,不再移动,用户可以在该模式下修改模板等参数,以达到最佳的出图效果。

⑥1:1 预览效果

功能描述:该功能以打印真实比例尺预览地图,让用户看到最终打印效果。

⑦模板预览

功能描述:可以让用户看到打印后地图效果的整体布局与打印效果。

⑧地图整饰

功能描述:让用户输入或修改打印地图的标题、作者以及版权所有等信息。

⑨自定义幅面

功能描述:当标准 ISO 模板不能满足打印要求时,系统提供自定义幅面功能,让用户设定所需打印地图的长度和宽度,并可以修改打印的 DPI 值。

⑩打印提交

功能描述:当各项地图参数设置完毕后提交后台打印,系统将自动进行处理,输出地图结果。

⑪查看地图打印结果

功能描述:系统自动输出打印地图结果的链接地址,单击该地址将打开地图结果。

4.3.5 示范平台

1. 南京平台

南京平台部署在南京市水利局,通过水利专网与省平台进行对接,开发南京自有数据的资源注册、资源申请、资源审批、地图浏览、我的平台等功能,实现省、市两级平台的资源、目录信息保持同步。

（1）软硬件环境

南京平台的部署由 3 台虚拟机组成，1 台虚拟机做数据库，1 台虚拟机用来部署南京平台后台程序，1 台虚拟机负责发布地图服务。

①数据库虚拟机的详细配置如下：

虚拟机硬件配置：CPU：大于 2.4GHz，共计 4 核；内存：8GB；磁盘：40G；网卡：1000M；

操作系统：Windows Server 2008R2；

数据库：Oracle 11g。

②南京平台虚拟机的详细配置如下：

虚拟机硬件配置：CPU：大于 2.4GHz，共计 4 核；内存：8GB；磁盘：40G；网卡：1000M；

操作系统：Windows Server 2008R2；

后台服务程序容器：TomCat。

③地图服务器虚拟机的详细配置如下：

虚拟机硬件配置：CPU：大于 2.4GHz，共计 4 核；内存：8GB；磁盘：40G；网卡：1000M；

操作系统：Windows Server 2008R2。

（2）南京平台部署

①在南京平台虚拟机中部署 Java SDK 1.7.0 版本以上，部署 apache tomcat 8.0.9 版本以上的 Web 服务器；

②在 Oracle 数据中增加南京平台用户和表空间；

③部署省平台提供的后台 War 包，修改相关数据库连接配置信息；

④运行后台 War 包，利用 War 包的接口动态生成、更新与省平台一致的后台配置表。

具体后台配置表详情和 War 包内函数、接口与省平台一致。

（3）资源目录同步流程

①南京平台用户在地图服务器上发布服务；

②南京平台用户在南京平台上注册已发布的服务；

③发布成功后，南京平台与省平台按时进行同步；

④省平台用户发现南京平台资源；

⑤省平台向南京平台申请需要的资源；

⑥南京平台的资源拥有者批准省平台用户申请的资源；

⑦省平台用户获取到资源的详细信息。

服务的搜索和查询、服务的注册、服务的申请和审批与省平台提供的接口一致。

（4）地图浏览功能

南京平台提供地图浏览功能，展示自有数据信息，通过省平台提供的服务访问接口获取用户可使用资源，按需加载到地图窗口进行浏览和显示。

①在南京平台虚拟机的 Web 服务器中部署 ArcGIS JavaScript API SDK V3.7；

②异步加载 ArcGIS JS API 类库、JQuery 类库；

③初始化图层列表、地图窗口、地图操作工具箱等；

④加载南京市自有水利资源信息；

南京平台登录用户通过资源访问接口获取到可读取的资源列表；

南京平台登录用户查询和过滤需要的资源,将选取的资源信息加载到地图窗口。

2. 江阴平台

(1)系统概述

本系统综合运用 GIS 技术,对防汛抗旱、水资源管理、河道管理等所涉及的各水位、雨量站点、工情站点及各级河道、湖泊、水文测站、用水企业、地下水位监测井等大量空间要素及其相关属性信息等进行综合管理,形成以河道为中心、按水利应用为目的、空间要素分层明确的水利 GIS 管理系统,并可以形成各类水利专题应用图。

鉴于目前江阴市水资源管理的实际应用情况,GIS 平台建设充分利用现有资源,对相关业务系统进行整合。以 B/S 方式实现相关数据的发布与分析。

(2)功能模块

1)基本地图功能

①基本地图操作。

地图放大、缩小、平移、量测、鹰眼、打印、全图显示、图例等。

②地图导航。

实现按照管辖范围定位。

③通用查询。

实现对任意图层的模糊条件查询、区域范围查询(包括辖区、任意区域)、周边查询等功能,查询结果以列表显示,选择查询结果在地图定位。

2)信息数据的管理功能

①信息数据定位查询。

根据输入的条件,查询符合条件的监测点信息以列表方式显示并在地图上定位。

②通过直观图像查询。

在图上选择某监测点,以此查询此监测点的取用水信息及相关企业、人员信息。

③统计分析。

按照辖区范围或选择区域,对取用水情况分别进行分类统计,统计结果以图形、图表方式展现。

④取用水超标企业管理查询。

取用水企业相关负责人员管理查询。

3)数据处理

①数据导入导出。

系统应提供批量属性数据的导入导出和按需导出空间数据。属性数据导入、导出支持的文件格式包括 Access、Excel、XML、Txt 等。空间数据导入导出支持的格式包括 shp、tif、栅格数据等。

②数据校验。

系统应能够根据事先定义的数据标准语规范对输入数据进行合法性和合理性校验。

③数据转换。

系统应提供各种空间数据类型的转换功能。

④地图输出。

系统应提供电子地图的输出功能:输出的图片应支持保存为 emf、bmp、jpg、tif、gif、png 等格式。针对不同的导出格式可以设置相关的参数如分辨率、压缩方式等。

⑤空间数据打印。

系统应提供多种形式的空间数据打印功能。

4)业务功能

①在线监测。

主要实现企业用水信息等数据的实时显示功能,结合消息队列技术进行功能实现。主站服务器接收流量计发送的实时数据,以数据、表格、图形等形式显示监测点的数据,能够根据用户自定义的数据报警限值设定进行报警。

②监测数据分析。

实施监测数据分析,历史监测数据分析,辅助工作人员制作流量等日常工作报表以及历史统计分析报表。

③报表打印。

支持用户自定义的模板,进行打印输出。

④系统设置。

主要实现系统各类参数的设置及权限管理功能,并在提供地理信息坐标情况下在 GIS 界面直接添加监测点,并可进行各类系统参数设定、用户权限管理,外部数据接口管理。

第 5 章 平台主要成果

5.1 数据成果

对江苏省地理信息系统一期工程、水利普查数据成果，以及基础地理信息、河湖勘测数据、市县水利地理信息数据等进行了整合，形成了全省水利行业空间和属性一体化的数据资源集，建立了数据资源目录。成果主要包括水利专题信息数据库、基础地理信息数据库、平台电子地图数据集、河湖勘测数据库、河景影像数据库、三维数据库 6 大类。

5.1.1 水利专题信息数据库

水利专题信息数据库主要包括水利专题数据及相应元数据。具体内容如表 5-1 所示。

表 5-1 水利专题信息数据库

序号	内容
1	覆盖全省范围水利专题地理信息数据：水利公共类、水利工程、防汛抗旱、农村水利、水利规划、水文、水资源、水土保持，共 8 大类 90 个小类
2	水利专题地理信息数据关系表
3	水利专题地理信息数据元数据库

5.1.2 基础地理信息数据库

基础地理信息数据库主要由 DLG、DOM 以及 DEM 等基础测绘数据构成，总数据量 12 TB。具体内容如表 5-2 所示。

表 5-2 基础地理信息数据库

序号	数据库
1	覆盖全省范围的 2.5 m 分辨率卫星影像数据库
2	覆盖全省范围的 0.5 m 分辨率航空影像数据库（专网发布影像 WMS 服务）
3	覆盖全省范围的 0.3 m 分辨率航空影像数据库（包含 2012 年和 2014 年两期影像）
4	覆盖全省范围的 5 m 格网高程数据库
5	覆盖全省范围的 2.5 m 格网高程数据库
6	覆盖全省范围的 25 m 格网高程数据库
7	覆盖全省范围的 1∶5 万 DLG 数据库
8	覆盖全省范围的 1∶1 万 DLG 数据库
9	覆盖全国范围的 1∶25 万 DLG 数据库
10	覆盖全省范围的 90 万条兴趣点数据

5.1.3　平台电子地图数据集

平台电子地图数据集包括各类电子地图及对应的符号库和模板,数据量达 8 TB。具体内容如表 5-3 所示。

表 5-3　平台电子地图数据集

序号	数据
1	电子地图符号库
2	电子地图配图模板
3	7～20 级影像地图瓦片(2012 年)
4	7～20 级影像地图瓦片(2014 年)
5	7～20 级晕渲电子地图瓦片
6	7～20 级矢量电子地图瓦片
7	3～20 级矢量电子地图瓦片(去掉交通要素)
8	3～20 级矢量电子地图瓦片(去掉交通和水系)
9	移动端影像电子地图
10	移动端矢量电子地图

5.1.4　河湖勘测数据库

平台建设了全省 6 个地区的 1∶500 和 1∶2000 大比例尺河湖勘测数据库,具体内容如表 5-4 所示。

表 5-4　河湖勘测数据库

序号	数据
1	秦淮河勘测数据
2	三潼宝勘测数据
3	中运河勘测数据
4	新沂河勘测数据
5	通榆河北延勘测数据
6	入海水道勘测数据

5.1.5　河景影像数据库

平台建设了河景影像数据库,地点从秦淮河三汊河口闸到东山桥,总长 24.1 km,包括河景照片和点云深度图,数据量达 90 GB。

5.1.6　三维数据库

平台构建了全省三维场景,并整合了一期三维模型成果,数据量达 4 TB,具体内容如表 5-5 所示。

表 5-5　三维数据库

序号	数据
1	全省三维场景数据(2.5 m 影像、0.3 m 影像叠加 DEM)
2	整合一期工程三维模型成果

5.2　软件成果

1. 建立了标准规范的水利行业服务资源共享服务体系

研究采用面向异构平台服务资源的统一管理技术,实现了不同底层架构平台服务资源的注册与管理,建设省、市、县、乡镇等多级多节点的统一服务资源目录,结合异构平台服务资源的统一管理、统一资源目录和统一身份认证建立了标准规范的水利行业共享服务体系。

2. 制定了平台架构方案,构建平台软件系统

依据水利业务对水利地理信息服务平台的实际需求,分析平台应用与管理所需服务,制定平台架构方案,构建统一的平台软件系统。平台服务列表如表 5-6 所示。

表 5-6　平台服务列表

编号	类别	成果名称
1	平台软件	数据管理系统
2		服务接口系统
3		资源注册管理系统
4		目录管理系统
5		图层定制系统
6		地理编码系统
7		地图配置系统
8		三维地图系统
9		数据分发服务系统
10		数据采集系统
11		运维管理系统
12		降雨等值线制作系统
13		专题制图系统
14		智能报表系统
15		门户网站
1	示范市、县平台	南京平台
2		江阴平台
1	典型应用	基本 GIS 功能
2		信息发布
3		专题图制作
4		河景影像
5		三维地图
6		降雨等值线
7		移动采集

5.3 文档成果

依据国家和江苏省的地理信息相关标准规范,结合省水利地理信息服务平台的实际需要,编制江苏省水利地理信息服务平台相关的数据采集、数据维护、数据共享、分类编码、数学基础、应用服务和运行维护等标准规范 22 个,其中数据资源类 14 个(包括修订江苏省水利地理信息系统一期工程建设的 8 个规范)、建设管理类 2 个、应用服务类 6 个。另外编制系统维护管理、用户使用管理等 9 个管理办法。

1. 数据资源类

《江苏省水利地理信息服务平台电子地图数据规范》
《江苏省水利地理信息服务平台高程数据规范》
《江苏省水利地理信息服务平台影像数据规范》
《江苏省水利地理信息数据库元数据库建设规范》
《江苏省水利地理信息服务平台地理实体/地名地址数据规范》
《江苏省水利地理信息服务平台三维数据规范》
《江苏省水利工程代码编制规定(修订)》
《水利专题地理信息分类规范(修订)》
《水利专题地理信息采集处理规范(修订)》
《水利地理信息存储管理规范(修订)》
《水利地理信息共享交换管理规范(修订)》
《水利地理信息发布管理规范(修订)》
《水利地理信息数字产品元数据规范(修订)》
《水利地理信息图形标示规范(修订)》

2. 建设管理类

《江苏省水利地理信息服务平台数据维护与更新规范》
《江苏省水利地理信息服务平台服务质量评价》

3. 应用服务类

《江苏省水利地理信息服务平台浏览器端应用开发接口规范》
《江苏省水利地理信息服务平台 iOS 平台应用开发规范》
《江苏省水利地理信息服务平台 Windows Phone 平台应用开发规范》
《江苏省水利地理信息服务平台 Android(安卓)操作系统应用开发规范》
《江苏省水利地理信息服务平台应用分析功能开发技术要求》
《市县(区)级水利地理信息服务平台建设技术要求》

4. 管理规定类

《江苏省水利地理信息服务平台数据共享管理办法》
《江苏省水利地理信息服务平台用户指南》
《江苏省地理信息应用服务平台用户管理规范》
《江苏省水利地理信息服务平台数据中心人员管理规定》

《江苏省水利地理信息服务平台数据中心设备管理规定》
《江苏省水利地理信息服务平台数据中心安全管理规定》
《江苏省水利地理信息服务平台建设与使用管理办法》
《江苏省水利地理信息服务平台应急预案》
《江苏省水利地理信息服务平台功能共享管理办法》

第6章 平台应用与推广

6.1 基于省平台构建的典型应用

基于江苏省水利地理信息服务平台提供的统一框架和二次开发接口,按照统一的水利地理信息服务平台标准规范体系,搭建水利地理信息典型应用,一方面,满足全省基于地理信息服务平台开发建设的应用系统调用,另一方面,满足水利行业开展日常业务的调用。

6.2 基于省平台构建的南京市水利地理信息服务平台

南京市水利地理信息服务平台基于省平台,结合南京市水利业务需求,构建了南京市水利地理信息服务平台。南京平台部署在南京市水利局,通过水利专网与省平台进行对接,开发南京自有数据的资源注册、资源申请、资源审批、地图浏览、我的平台等功能,实现省、市两级平台的资源、目录信息保持同步。

平台为南京市防汛防旱、水资源综合调度、农田水利管理等工作中提供了可靠的技术支持。在工程分布、防汛物资、险工险段等专题图制作过程中提供了便利。

6.3 基于省平台构建的江阴市水利地理信息系统

江阴市水利地理信息系统基于省平台,对防汛防旱、水资源管理、河道管理等所涉及的各水位、雨量站点、工情站点及各级河道、湖泊、水文测站、用水企业、地下水位监测井等大量空间要素及其相关属性信息等进行综合管理,形成以河道为中心、按水利应用为目的、空间要素分层明确的水利 GIS 管理系统,并可以形成各类水利专题应用图。

鉴于目前江阴市水资源管理的实际应用情况,GIS 平台建设充分利用现有资源,对相关业务系统进行整合。

以 B/S 方式实现相关数据的发布与分析。采用 J2EE 架构,可通过主流的网页浏览器实现访问。实现取用水量管理功能,对超限用水实现 GIS 界面预警、短信提醒预警等功能,并分区对取用水量及超限情况进行统计、分析、汇总。

6.4 江苏防汛防旱会商系统

江苏省防汛防旱会商系统中,应用平台电子地图和水利空间信息,为实现汛情旱情可视化展示、险工险段精确定位、水利工程精准调度、防汛物资优化配置、灾情分析准确合理提供基础支撑。平台基于 Web 实现的区域可绘制、数据可修订的降雨量等值线；灵活可定制数据源和展示格式的智能报表；支持图层定制、自定义标注、统计分析、打印出图的专题图制作；云端采集信息实时上传和在线显示等服务和功能，为完善多系统会商、决策支持和在线指挥功能，提供了良好基础，如图 6-1 所示。

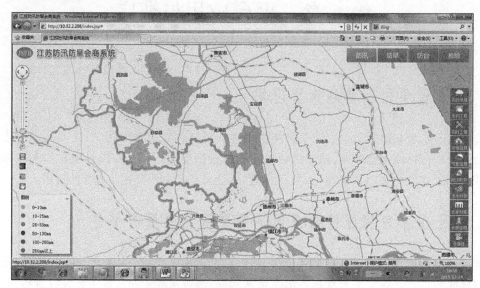

图 6-1　江苏防汛防旱会商系统示意图

6.5　江苏省水文信息查询系统

江苏省水文信息查询系统基于江苏省水利地理信息服务平台提供的电子地图和水利地理要素信息，实现了雨情、水情、地下水、水质、墒情的查询、展示。满足全省水利用户、相关部门和社会公众对水文实时信息的需求，如图 6-2 所示。

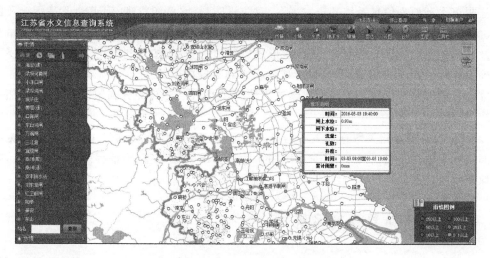

图 6-2　江苏省水文信息查询系统示意图

利用平台地图服务拆分功能,实现指定地区的水文信息查询和展示。平台的等值线、智能报表丰富了水文信息查询手段。

6.6 江苏省水资源管理信息系统

江苏省水资源管理信息系统依托平台电子地图,实现基于 GIS 的取水许可管理、地下水管理、水资源保护、水资源预警和应急、测站实时监测。在太湖综合整治、南水北调工程用水等项目中起到了业务支撑和辅助决策作用。在水资源规费征管、节水型社会建设、水生态文明建设、水务管理等业务工作中发挥了关键作用,如图 6-3 所示。

图 6-3 江苏省水资源管理信息系统示意图

6.7 水资源质量分析评价系统

江苏省水利地理信息服务平台提供的水利地理空间数据服务涵盖了地表水断面、水功能区、地下水监测点、入河湖排污口监测点等水质专题数据以及基础水利地图数据。为系统实现水质测站定位、水功能区查询和展示、水功能区水质类别查询等 GIS 专题分析功能以及专题图打印功能起到了良好的支撑作用,如图 6-4 所示。

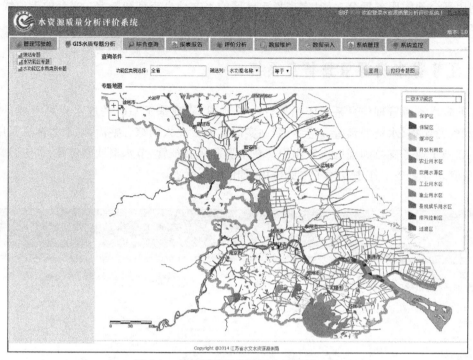

图 6-4　水资源质量分析评价系统示意图

6.8　江苏省实时雨水情分析评价系统

系统基于特征值数据库、水情算法库、实时水情库以及江苏省水利地理信息服务平台提供的地图服务和等值线服务,实现了实时雨水情分析和评价功能。在全省"一张图"的基础上,开发了实时雨水情实时监视、洪警枯警展示、等值线绘制、洪水频率分析、各类专题报表、快报月报以及各类专题报告报表的计算机快速辅助生成等功能,如图 6-5 所示。

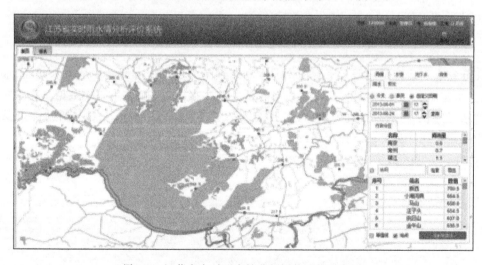

图 6-5　江苏省实时雨水情分析评价系统示意图

6.9　江苏省中小河流预警预报系统

系统基于江苏省水利地理信息服务平台提供的地图服务、等值线服务以及平原水网区水动力模型、潮汐模型、新安江模型、常规降雨径流模型等,实现了江苏省205条中小河流以及主要河湖的63个控制断面的预报、预报方案管理等核心功能,如图6-6所示。

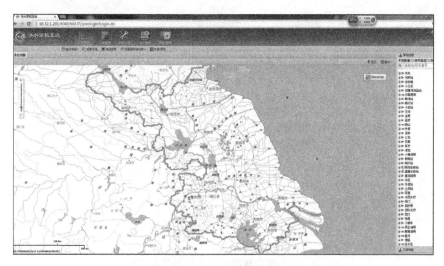

图 6-6　江苏省中小河流预警预报系统示意图

6.10　江阴智慧水利农机信息化综合业务管理平台

依托江阴市拓展采集的河道、堤防、灌(圩)区、闸、泵及取、排水口等在省水利地理信息服务平台云端存储、发布的在线 GIS 服务,以水利农机业务应用为基础、综合信息管理为纽带,构建了江阴智慧水利农机信息化综合业务管理平台,实现"一张图"的水利信息采集、发布、更新、应用,如图 6-7 所示。

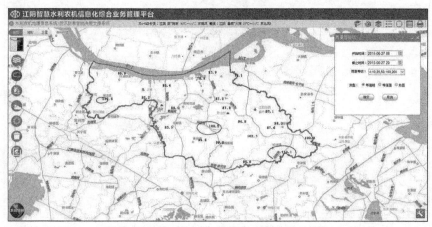

图 6-7　江阴智慧水利农机信息化综合业务管理平台示意图

6.11 其他专题应用

其他专题应用见图 6-8～图 6-11。

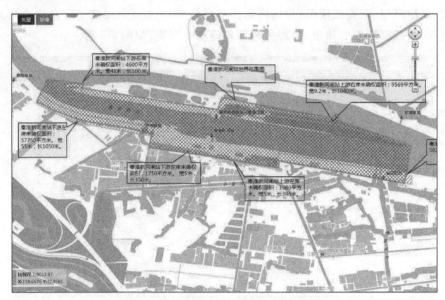

图 6-8 秦淮新河闸站确权划界专题图

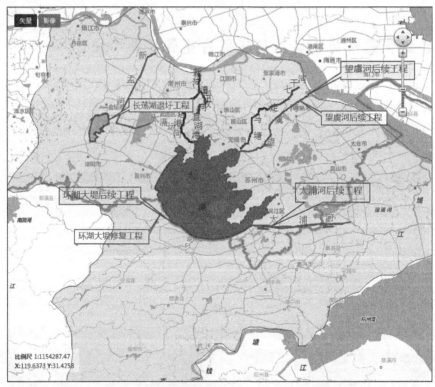

图 6-9 太湖流域水系、调水引流工程专题图

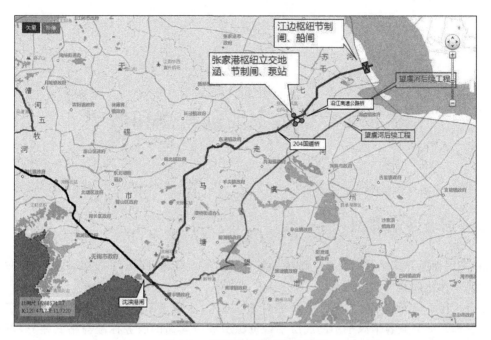

图 6-10　张家港水利枢纽专题图

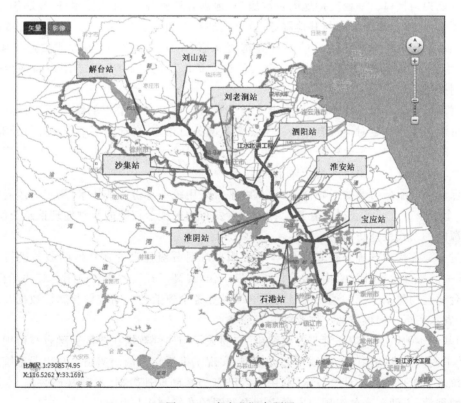

图 6-11　南水北调专题图

第7章 平台主要创新点和展望

7.1 平台主要创新点

（1）采用面向异构平台的服务资源统一管理与多节点资源目录同步技术，构建了全省水利行业空属一体化的共享服务体系。

平台采用面向异构平台的服务资源统一管理技术，实现了不同底层架构平台服务资源的注册与管理。充分兼容来源于不同底层平台资源服务所遵循的服务标准与格式差异，所有服务资源实现在线快速注册与实时发布，系统自动解析各种资源服务类型与参数，自动获取各种资源服务能力与接口。平台支持地图资源服务、地理处理服务、属性数据服务、专题制图服务、三维模型服务、聚合拆分服务与其他服务，且可实现在线自定义资源格式，提升平台资源服务的开放性。平台统一管理已注册的各种异构资源服务，实现多条件、多方式快速检索，基于Web页面直接控制资源服务各种状态，全天候记录资源访问日志，免除了用户跨平台进行烦琐的控制操作。

采用多节点资源目录同步技术，平台实现了省、市、县三级多节点的统一资源目录系统的构建。资源目录系统定时巡检各个关联节点资源服务目录，并自动遍历平台资源目录树结构，并与上一时态省级统一平台资源目录相对比，探测到目录变化后系统实现自动更新，形成最新的全省水利地理信息资源统一目录体系。

为保证资源服务目录的正确性与安全性，平台采用统一身份认证技术，用户一经身份验证后，在一个登录节点即可获得全省其他各个节点发布的被授予权限的水利地理信息资源，实现全省资源的一站式快速访问。

通过多源瓦片地图统一获取技术，平台在服务端对分级建设的瓦片地图服务进行动态融合，以统一的服务地址开放给用户，简化了开发工作，提高了开发效率与应用系统的运行效率。

平台通过构建基于统一编码关联的水利专题业务全覆盖的空间数据与属性数据在线服务集，为全省水利行业提供空属一体化的共享服务。

（2）基于本地数据云端托管与在线渲染、空间数据与属性数据在线按需融合与可视化等技术，设计了面向共享共创的在线地图数据模型，实现了模板化云端快速制图与出图系统。

系统基于工作流和云计算技术，利用平台已有的基础地理数据、水利基础数据、水利专题数据等数据源，方便平台各级用户实现水利专题图的在线制作与共享。

本地数据云端托管与在线渲染。为了全面支持制图数据源的多样化，满足不同的业务需求，系统实现了本地数据的云端发布与托管，并支持实时加载到专题图中进行在线符号化渲染。

空间数据与属性数据在线按需融合与可视化技术。系统通过指定关联属性项的方式,实现地理要素服务与水利属性数据服务融合,动态扩展地理要素的属性信息,并支持对扩展的属性信息进行专题制图,实现水利属性信息的空间可视化。

设计了在线地图数据模型。结合水利专题制图所需数据的内容和应用特点,采用面向模块化设计的数据建模理论与方法,研制了在线地图数据模型,实现省市县三级用户之间的共享共创。

模板化云端快速制图与出图。平台根据水利各应用部门空间数据组织与制图表达的特点,定制了多套模板。用户选择合适的制图模板,使用平台提供的各类整饰工具进行少量定制,即可实现行业专题图的快速制作与在线打印。用户还可将专题图发布为模板,分享给他人使用。

(3)基于移动测绘技术,探索了移动测绘数据与单站全景影像、点云数据的融合方法,研制了船载环境三维数据的生产工艺,首次生产出河景三维数据产品,丰富了水利地理信息产品。

将可量测实景影像应用到河道上,提出河景三维概念。

通过构建刚性系统,进行了船载环境下移动测绘系统的安装与集成;通过研究数据联合解算、数据融合、影像拼接、生产与发布等步骤,进行了首次河景三维制作,实现了一整套通过移动测绘系统进行河景影像采集、处理与发布的技术思路。

针对船载移动采集只能对船体两旁可视的区域进行数据获取的局限性,通过在对船体无法拍摄的区域进行单站全景拍摄及三维激光扫描,并通过特征点的匹配等方式与船载数据进行了融合,进行了数据的有益补充。

首次生产出河景三维数据产品,通过构建外秦淮河河景影像典型应用,验证了河景三维对水利部门进行拓展管理的有效性。

(4)提出了基于 Web 的三维地理数据实时共享方法,实现了省市县不同空间尺度三维数据的无缝集成,提供了统一的共享和维护服务。

通过分区域对影像进行金字塔优化以及后台实时并行计算的方式对数据进行集成与发布;在省市县三级统一标准的基础上,提出了基于 Web 的多源三维数据实时共享方法;通过构建网络环境下的分布式三维服务架构,提供数据及功能在线服务,实现全省跨地区、跨部门三维地图资源的互联互通和集成应用。

(5)针对省级水利部门地理信息共享服务的特点,建立了省级水利地理信息服务平台数据资源、应用服务、建设管理等标准规范体系。

针对省级水利部门地理信息共享服务特点,依据国家和江苏省的地理信息相关标准规范建立了一套省级水利地理信息服务平台标准规范体系,分为数据资源类、建设管理类和应用服务类三大类,内容包括数据采集、数据更新、电子地图配图、共享服务、平台应用与运维等,适应全省水利信息化的实际应用需求。

7.2　展望

该平台针对水利系统的特点设计了 C/S 架构与 B/S 架构相结合的系统构架,既能满足水利部门实时更新数据,保证数据现势性与安全性的需求,又能满足不同层次、不同类型的用户对水利数据的实际应用要求,同时贴近水利部门的实际业务需求设计开发了诸多实用便捷的功能。

江苏省级水利地理信息服务平台提供完善的一站式云 GIS 解决方案。用户基于该平台提供的云 GIS 环境与各类云 GIS 服务,搭建自己的业务应用平台,可以大幅减少软硬件投入及底层数据库、GIS 服务建设成本及时间,促进建设低成本、高效率推进,节约大量人力、经费投入,提升经济效益。目前已采用平台提供的服务开展了江苏防汛防旱会商系统、江苏省水文信息查询系统、江苏省实时雨水情分析评价系统、江苏省中小河流预警预报系统、水资源质量分析评价系统、江苏省水资源管理信息系统、江阴智慧水利农机信息化综合业务管理平台等多个应用,效果显著。江苏省防汛防旱指挥部还把对平台的应用纳入了江苏省防汛防旱指挥系统设计指导书中。

平台云数据服务涵盖多版本、多时相二、三维电子地图、水利专题数据、地形场景数据、部分地区精细三维模型数据,以及覆盖全省的 0.3 m 航摄影像、2.5 m 卫星影像、百万级 POI 数据和地名地址数据等,总数据量达 20TB。目前,平台 7×24 h 在线提供各类 OGC 标准云数据服务 3150 个,配置各类专题图件 100 余幅,可供用户实时调用,建议向全省各级水行政主管部门或政府部门、企事业单位推广使用。

《全国水利信息化发展"十三五"规划》及《江苏省水利信息化发展"十三五"规划》都已明确要求开展水利信息资源整合工作,江苏省作为全国唯一的水利信息资源整合示范省,江苏省水利地理信息服务平台的建设标准完全是按照信息资源整合思路实施的,它是江苏省水利信息资源整合的重要内容,同时在平台建设过程中建设了一整套的水利地理信息服务平台资源目录体系、标准规范体系,一方面,可向全国其他省级部门推广使用,另一方面,也是开展江苏省水利信息资源整合工作的探索,对全国开展水利资源整合具有一定的示范作用。

江苏省
水利地理信息服务平台
构建与应用

气象出版社

ISBN 978-7-5029-7472-5

关注官方微信

9 787502 974725 >

定价：90.00元